译文经典

达·芬奇与白日梦

Leonardo da Vinci and Daydream

弗洛伊德论美

Sigmund Freud

〔奥〕西格蒙德·弗洛伊德 著

张唤民 陈伟奇 译

上海译文出版社

目 录

《俄狄浦斯王》与《哈姆雷特》

（1900）

译者按：本文译自弗洛伊德的《梦的解析》，系《梦的解析》的第五章第四节。这里根据俄狄浦斯情结（Oedipus Complex，意为恋母妒父心理）的理论比较系统地、明确地分析了古典文学作品，是弗洛伊德美学思想的最早的表现。这种思想在他以后的著作中曾多次加以发挥和发展，并且为精神分析批评派的文艺理论家所多次提到。

根据我累积的经验，在所有后来变为精神神经病患者的儿童的精神生活中，他们的父母亲起了主要作用。爱双亲中的一个而恨另一个，这是精神冲动的基本因素之一，精神冲动形成于那个时候，并且在决定日后神经病症状中起十分重要的作用。但是我不相信，在这个方面，精神神经病患者和其他正常人之间有明显的区别，也就是说，我不相信他们能够创造出某些对他们自己来说完全新鲜和独特的东西来。最有可能的是，由于他们夸大地表现了对父母亲的爱和恨的感情，他们才被区别开来。 这种感情在大多数孩子的心理中却不那么明显，不那么强烈，对正常的儿童的偶然观察证实了这一点。

古典作品遗留给我们的一个传说证实了这一发现：只有我所提出的有关儿童心理的假设具有普遍的有效性，这个传说——它的深刻而普遍的力量令人感动——才能被理解。我所要论及的是关于俄狄浦斯王的传说和索福克勒斯的同名剧《俄狄浦斯王》。

俄狄浦斯是忒拜国王拉伊俄斯和王后伊俄卡斯忒的儿子，由于神警告拉伊俄斯说，这个尚未出生的孩子将是杀死他父亲的凶手，因此俄狄浦斯刚刚出生就被遗弃了。 后来，这个孩子得救了，并作为邻国的王子长大了。 由于他怀疑自己的出身，他去求助神谕，神警告他说，他必须离乡背井，因为他注定要弑父娶母。 就在他离开他误以为是自己家乡的道路上，他遇到了拉伊俄斯王，并在一场突发的争吵中杀死了他。 然后他来到忒拜，并且解答了阻挡道路的斯芬克斯向他提出的谜语。 忒拜人出于感激，拥戴他为国王，让他娶了伊俄卡斯忒为妻。 他在位的一个长时期里，国家安宁，君主荣耀，不为他所知情的母亲为他生下了两个儿子和两个女儿。 终于，瘟疫流行起来，忒拜人再一次求助神谕。 正是在这个时候，索福克勒斯笔下的悲剧开场了。 使者带回了神谕，神谕说，杀死拉伊俄斯的凶手被逐出忒拜以后，瘟疫就会停止。

> 但是他，他在哪儿？在哪儿才能找到以前的罪犯消
> 失了的踪迹？[1]

戏剧的情节就这样忽而山穷水尽，忽而柳暗花明——这个过程正好与精神分析工作过程相类似——从而逐步揭示俄狄浦斯本人正是杀死拉伊俄斯的凶手，且还是被害人和伊俄卡斯忒的儿子。俄狄浦斯被他无意犯下的罪恶所震惊，他弄瞎了自己的双眼，离开了家乡。神谕应验了。

《俄狄浦斯王》作为一出命运悲剧为世人所称道。它的悲剧效果被说成至高无上的神的意志和人类逃避即将来临的不幸时毫无结果的努力之间的冲突。他们说，深受感动的观众从这出悲剧中所得到的教训是，人必得屈服于神的意志，并且承认他自己的渺小。因此，现代剧作家们就靠着把同样的冲突写进他们自己发明的情节中的方法，试图获得一个同样的悲剧效果。但是，当咒语或神谕不顾那些可怜人的所有努力而应验了的时候，观众们看来并不感动；就后来的命运悲剧的效果而言，它们失败了。

如果《俄狄浦斯王》感动一位现代观众不亚于感动当时

---

① 引文根据莱维斯·卡姆贝尔的《俄狄浦斯王》英译本(1883)。

的一位希腊观众，那么唯一的解释只能是这样：它的效果并不在于命运与人类意志的冲突，而在于表现这一冲突的题材的特性。 在我们内心一定有某种能引起震动的东西，与《俄狄浦斯王》中的命运——那使人确信的力量，是一拍即合的；而我们对于只不过是主观随意的处理——如（格里尔·帕泽写的）《女祖先》或其他一些现代命运悲剧所设计的那样——就不为所动了。 实际上，一类因素包含在俄狄浦斯王的故事中：他的命运打动了我们，只是由于它有可能成为我们的命运——因为在我们诞生之前，神谕把同样的咒语加在了我们头上，正如加在他的头上一样。 也许我们所有人都命中注定要把我们的第一个性冲动指向母亲，而把我们第一个仇恨和屠杀的愿望指向父亲。 我们的梦使我们确信事情就是这样。 俄狄浦斯王杀了自己的父亲拉伊俄斯，娶了自己的母亲伊俄卡斯忒，他只不过向我们显示出我们自己童年时代的愿望实现了。 但是，我们比他幸运，我们没有变成精神神经病患者，就这一点来说我们成功了，我们从母亲身上收回了性冲动，并且忘记了对父亲的嫉妒。 正是在俄狄浦斯王身上，我们童年时代的最初愿望实现了。 这时，我们靠着全部压抑力在罪恶面前退缩了，靠着全部压抑力，我们的愿望被压抑下去。 当诗人解释过去的时候，他同时也暴露了俄狄浦斯的罪恶，并且激发我们去认识我们自己的内在精神，在那里，我们可以发现一些虽被压抑，却与它完全一样的冲动。《俄狄浦斯王》结尾的合唱使用了一个对照：

> 请看，这就是俄狄浦斯，他道破了隐秘的谜，
> 他是最显贵最聪明的胜利者。
> 他那令人嫉妒的命运像一颗星，光芒四射。
> 现在，他沉入苦海，淹没在狂怒的潮水之下……①

它给了我们当头一棒：对我们和我们的骄傲发出了警告，对从童年时代起就自以为变得如此聪明和无所不能的我们发出了警告。 像俄狄浦斯一样，我们活着，却对这些愿望毫无觉察，敌视自然对我们的教训；而一旦它们应验了，我们又全都企图闭上眼睛，对我们童年时代的情景不敢正视。②

---

① 引文根据莱维斯·卡姆贝尔的《俄狄浦斯王》英译本(1883)。

② （作者1914年增加的注释：）没有一项精神分析的研究结果像这个说法——童年时代的冲动指向乱伦持续在无意识之中——一样，在某些批评家那里引起了如此激烈的否认和反对，或者说如此引人发笑的歪曲。甚至最近还有人不顾所有的经验而企图说明乱伦只能用来作为"象征意义上的"。费伦茨根据叔本华书信中的一段文字提出了一个对俄狄浦斯神话的天真的"多种的解释"(1912)。——(1919年增加的注释：)后来的研究显示出，俄狄浦斯情结是在《梦的解析》中的上面一段文字里第一次谈到，它对研究人类历史和宗教、道德的演变具有意想不到的重要性(见我的《图腾与禁忌》[第四篇]1912—1913)。——(实际上俄狄浦斯情结和关于《俄狄浦斯王》的讨论要点，以及接下去的关于《哈姆雷特》的主题的讨论要点，弗洛伊德早在1897年10月15日致弗利斯的信中就提出来了。俄狄浦斯情结这一发现的更早的迹象可以在他的1897年5月31日的信中找到。——弗洛伊德第一次使用"俄狄浦斯情结"这一现已被采纳的术语，好像是他在《对爱情心理学的贡献》专辑里发表的作品[1910]中。)

在索福克勒斯的悲剧剧本中有一个十分清楚的迹象说明俄狄浦斯的传说起源于某个原始的梦的材料，这个材料的内容表明孩子与双亲关系中令人苦恼的障碍是由于第一个性冲动引起的。 当俄狄浦斯开始因他对神谕的回忆而感到苦恼时——虽然他还不知道其中的意义——伊俄卡斯忒讲了一个梦来安慰他，她认为这个梦没什么意义，但是许多人都梦到过它：

> 过去有许多人梦见娶了自己的生母。
> 谁对这种预兆置之不理，
> 他就能过得快活。[①]

今天像过去一样，许多人都梦见和他们的母亲发生了性关系，并且在讲述这事时，既愤恨又惊讶。 这一现象显然是解释悲剧的关键，也是做梦的人的父亲被杀这类梦的补充说明。 俄狄浦斯的故事正是这两种典型的梦（杀父和娶母）的想象的反映。 正如这些梦在被成年人梦见时伴随着厌恶感一样，这个传说也必然包含着恐怖与自我惩罚。 对传说过多的修饰，出现在《俄狄浦斯王》的令人误解的"修改本"[②]中，"修改本"企图利用这个传说为神学服务（参见

[①] 引文根据莱维斯·卡姆贝尔的《俄狄浦斯王》英译本(1883)。

[②] "修改本"，系指后人所作的《俄狄浦斯王》的摹拟品。——译者

《梦的解析》中关于阐述梦展现过程中的梦的材料的部分）。 当然，调和至高无上的神力与人类的责任感的企图，肯定是同《俄狄浦斯王》的这个题材无关的。

另外一部伟大的诗体悲剧：莎士比亚的《哈姆雷特》，与《俄狄浦斯王》来自同一根源。[①] 但是，同一材料的不同处理表现出两个相距甚远的文明时代的精神生活的全然不同，表明了人类感情生活中的压抑的漫长历程。 在《俄狄浦斯王》中，作为基础的儿童充满愿望的幻想正如在梦中那样展现出来，并且得到实现。 在《哈姆雷特》中，幻想被压抑着；正如在神经病症状中一样，我们只能从幻想被抑制的情况中得知它的存在。 特别奇怪的是，许多现代的悲剧所产生的主要效果原来与人们对主角的性格一无所知相一致。戏剧的基础是哈姆雷特在完成指定由他完成的复仇任务时的犹豫不决；但是剧本并没有提到犹豫的原因或动机，五花八门的企图解释它们的尝试，也不能产生一个结果。 根据歌德提出的，目前仍流行的一个观点，哈姆雷特代表一种人的典型，他们的行动力量被过分发达的智力麻痹了（思想苍白使他们病入膏肓）。 另一种观点认为：剧作家试图描绘出一个病理学上的优柔寡断的性格，它可能属于神经衰弱一类。

① 论《哈姆雷特》的这一段在本文初版(1900)时是作为注释印出的，从 1914 年起收入正文。

但是，戏剧的情节告诉我们，哈姆雷特根本不是代表一个没有任何行动能力的人。我们在两个场合看到了他的行动：第一次是一怒之下，用剑刺穿了挂毯后面的窃听者；另一次，他怀着文艺复兴时期王子的全部冷酷，在预谋甚至使用诡计的情况下，让两个设计谋害他的朝臣去送死。那么，是什么阻碍着他去完成父亲的鬼魂吩咐给他的任务呢？答案再一次说明，这个任务有一个特殊的性质。哈姆雷特可以做任何事情，就是不能对杀死他父亲、篡夺王位并娶了他母亲的人进行报复，这个人向他展示了他自己童年时代被压抑的愿望的实现。这样，在他心里驱使他复仇的敌意，就被自我谴责和良心的顾虑所代替了，它们告诉他，他实在并不比他要惩罚的罪犯好多少。这里，我把哈姆雷特心理中无意识的东西演绎成意识的东西；如果有人愿意把他看作歇斯底里症患者，那我只好承认我的解释暗含着这样一个事实。哈姆雷特与莪斐丽亚谈话时所表现出的性冷淡，正好符合这一情况：同样的性冷淡命中注定在此后的年月里越来越强地侵蚀了诗人莎士比亚的精神，而在《雅典的泰门》中，它得到了最充分的表达。当然，哈姆雷特向我们展现的只能是诗人自己的心理。我在格奥尔格·布兰代斯评论莎士比亚的著作中看到这样的话(1896)：《哈姆雷特》写于莎士比亚的父亲死后不久（1601），也就是说，在他居丧的直接影响之下写成的，正如我们可以确信的那样，当时，他童年时代对父亲的感情复苏了。大家也知道，莎士比亚那早夭的儿子被取名为"哈姆奈特"（Hamnet），与"哈姆雷特"（Hamlet）读音十分相近。正如《哈姆雷特》处理的是儿子与他的双亲的关系，《麦克白》（几乎写于同时期）与无子的主题有关。但是，像所有的神经病症状（同理，也像所有的梦）能有"多种的解释"，也确实需要有"多种的解释"一样——假如它们被充分理解了——所有真正的创造性作品同样也不是诗人大脑中单一的动机和单一的冲动的产物，并且这些作品同样也面对着多种多样的解释。在我所写的文字中，我只想说明创造性作家的心理冲动的最深层。[①]

[①]（作者1919年增加的注释：）以上这些对《哈姆雷特》进行的精神分析的解释（后来为欧内斯特·琼斯所发挥），驳斥了主题文学中提出的各种观点（见琼斯1910年著作[以及1949年以完整的形式出现的著作]）。——（1930年增加的注释：）顺便提一句，我当时不再相信莎士比亚是斯特拉特福人[见弗洛伊德1930年的著作]。——（1919年增加的注释：）对《麦克白》进行分析的进一步尝试可以在我1916年的论文和杰克斯1917年的一篇论文中见到。——（下面这个注释的前一部分，以不同的形式收在1911年的版本中，但是从1914年开始被删去了：）上文中对《哈姆雷特》问题的观点后来被多伦多的欧内斯特·琼斯博士在更广泛的研究中以新的理由加以支持和进一步证实了（1910）。他还指出了《哈姆雷特》的材料与兰克1909年提出讨论的"英雄诞生的神话"之间的关系。——（弗洛伊德对《哈姆雷特》的进一步讨论，在他逝世后1942年发表的探讨"戏剧中的精神变态人物"问题的手稿中可以见到，这份手稿大概写于1905年或1906年。）

戏剧中的精神变态人物

（写于 1905 年或 1906 年）

    《标准版全集》编者按：马克斯·格拉夫博士在《精神分析季刊》第十一期(1942)的一篇文章里写道,这篇论文是弗洛伊德在 1904 年写的,弗洛伊德本人向他提起过这篇论文。弗洛伊德生前一直没有把它发表。上述这个写作日期肯定有误(手稿本身并未注明日期),因为赫尔曼·巴尔的戏剧《别人》——在文中有所论及——首次上演于 1905 年 11 月初(在慕尼黑和莱比锡),同月 25 日在维也纳第一次公演。这个剧本直到 1906 年才以书的形式付梓出版。因此,这篇论文可能写于 1905 年底或 1906 年初。我们感谢《精神分析季刊》的编辑莱蒙德·格赛林博士,他向我们提供了弗洛伊德手稿的影印件。手稿的字迹在某些段落难于辨认,这也是本译文(译者詹姆斯·斯特拉奇)与别的英译文之间有一些差异的原因。

如果戏剧的目的是引起"恐惧和怜悯"，[1]并且起到"净化情感"的作用，就像自亚里士多德以来人们一直认为的那样，那么，我们可以更为详细地论述戏剧的这一目的。我们会说，戏剧的目的在于打开我们感情生活中快乐和享受的源泉，恰像开玩笑或说笑话揭开了同样的源泉，揭开这样的源泉都是理性的活动所达不到的。毫无疑问，在这一方面，基本因素是通过"发泄强烈的感情"来摆脱一个人自己的感情的过程。随之而来的享受，一方面与彻底发泄所产生的安慰相和谐，另一方面无疑与伴随而来的性兴奋相对应。因为正如我们设想的那样，当一种感情被唤起的时候，性兴奋作为副产品出现，向人们提供了他们如此渴望的引发精神状态中潜能的感觉。成年人作为一个充满兴趣的观众在场景和戏剧[2]中得到的东西正如孩子们在游戏中得到的东西，孩子们迟迟疑疑的希望（希望能做成年人做的事情）在游戏中得到了满足。观众是一个经历不多的人，他感到自己是一个"可怜的人，对他来说，没什么重要的事情会发生"，他不得不长期沉沦，或者无所适从，他的野心却

---

① 德文单词"Mitleid"，有"怜悯"的意思。
② "Schauspiel"是一个普通的德文单词，意即"戏剧演出"。在这里，弗洛伊德用了一个连字号"Schau-Spiel"，以标出这个单词的两个组成部分："Schau"——"场景"，"Spiel"——"戏剧"或"游戏"。弗洛伊德在他后来关于创造性艺术与幻想的论文（1908）中又回到这一话题；许多年以后，在《超越快乐的原则》（1920）的第二章结尾，他又谈到了这个问题。

让他处于世界性事件的中心；他渴望根据自己的愿望去感觉去行动和处理事情——简而言之，他渴望成为一个英雄。剧作家和演员通过让他以英雄自居而帮助他实现了这一愿望。他们还为他省掉了一些麻烦。因为观众相当清楚地知道，要是不经历痛苦、灾难和强烈的恐怖，剧中的英雄的实际行为对他来说是不可能的，而这些经历几乎会把快乐抵销掉。况且他还知道，他只有一次生命，他也许会在这样一次反抗厄运的斗争中夭折。因此，他的快乐建立在幻觉上；这就是说，他的痛苦被这样的肯定性所缓和：首先，是另一个人而不是他自己在舞台上行动和受苦，其次这毕竟只是一个游戏，这个游戏对他个人的安全不会造成什么危害。在这些情形中，他可以放心地享受做"一个伟大人物"的快乐，毫不犹疑地释放那些被压抑的冲动，纵情向往在宗教、政治、社会和性事件中的自由，在各种辉煌场面中的每一方面"发泄强烈的感情"，这些场面正是表现在舞台上的生活的各个部分。

作品的其他几种形式同样服膺于这些享乐的先决条件。抒情诗比任何艺术形式更有利于宣泄多种强烈的感情——正像过去舞蹈中的情况一样。史诗的目的主要在于使我们在伟大的英雄人物胜利时感到快乐。但是戏剧追求更深刻地探索情感的种种可能性，甚至给不幸的先兆赋以快乐的形式；因为这个理由，戏剧描绘斗争中的甚至（怀着受虐狂的满足）失败中的英雄。 与磨难和不幸的这种关系可以看作戏剧的特性，且不管戏剧是否激起了人们的关切之情（这种关切后来又缓和了），像在严肃剧中那样；也不管不幸实际上发生了没有，像在悲剧中那样。 戏剧起源于众神崇拜中的献祭仪式（参见关于羊和替罪羊的论述），这一事实更涉及戏剧的此层意义。[①] 戏剧仿佛掀起了对宇宙的神圣法规的反叛，正是这个法规造成了灾难。 英雄们首先就反对上帝或者反对某种神圣事物；快乐似乎来自面对神的力量的较弱者的苦难——一种受虐狂满足的快乐，也是从不顾一切地坚持下去的伟大人物身上直接享受到的快乐。 这里，我们获得一种与普罗米修斯的心情类似的情绪，但是这种情绪里混杂着一个微不足道的愿望：让自己被暂时的满足所安慰。

因此，各种各样的痛苦磨难就是戏剧的题材，戏剧通过这痛苦磨难，许诺给观众以快乐。 这样，我们就接触到戏剧艺术的第一个先决条件：戏剧不应该造成观众的痛苦，戏剧应该知道如何用它所包含的可能的快感来补偿观众心中产生的痛苦和怜悯（现代作家却常常不服从这条规则）。 戏剧所表现的痛苦很快就被限于表现精神的痛苦了；因为没有人需要肉体的痛苦，人们知道，肉体上有了痛苦，身体感觉会发生变化，所有的精神快乐就马上化为乌有了。 如果我们

---

① 关于希腊悲剧的主角这个问题，弗洛伊德在《图腾与禁忌》(1912—1913)的第四篇第七节中讨论过。

病了，我们只有一个愿望：赶快恢复，摆脱我们目前的状况，我们会去找医生和药品。 我们需要去掉妨碍"幻想游戏"的因素，这种"幻想游戏"甚至纵容我们从我们自己的痛苦中获得快乐。 如果观众使自己处于一个肉体上有病的病人的地位，他便发现他失去了一切享受快乐或者进行精神活动的能力。 因此，一个病人只能在舞台上作为一种道具，而不能作为主角，除非他的疾病的某些独特方面使得精神活动反倒有了可能——例如，《菲罗克忒忒斯》中病人的悲惨状态，或者那些围绕着肺结核病人写成的戏剧中病人的无望。

人们知道，精神痛苦主要与产生痛苦的环境有关；因此，戏剧在处理痛苦时需要某种事件，疾病就作为一种事件而出现，随着这个事件的展开，剧情也得到了发展。 只有一个明显的例外：某些戏剧，例如《埃阿斯》和《菲罗克忒忒斯》，它们所表现的精神疾病好像已经完全确定了。 因为在希腊悲剧中，由于材料的熟悉，正如人们所说的，启幕往往是在剧情的中段。 详尽说明决定我们这里所谈的这类事件的先决条件是容易的。 它必须是一个包含了冲突的事件，并且还必须包含着抵抗与意志的努力。 这也就是戏剧艺术的第二个先决条件。 这个先决条件在反对神的斗争中得到了最初的也是最完满的实现。 我已经说过，这类悲剧是一种反叛的悲剧，在这种反叛中，剧作家和观众都站在叛乱者的一边。 对神的信仰越少，人类的事件的规律就变得越重要；这个规律随着洞察力的增长开始成为痛苦的原因。这样，英雄的第二场斗争就是反对人类社会，这里，我们看到阶级社会的悲剧。 而在个人之间的斗争中，我们还可以发现这个必然的先决条件的另一次表现。 这是人物的悲剧，这种悲剧展现了"agon"（冲突）的所有骚动，悲剧最好在杰出的人物之中展现出来，这些人物超脱了人类制度的羁绊——事实上，这种悲剧必须有两个主角。 通过一个主角反对象征着某种制度的一些强有力的人物的斗争，最后的两个阶级的和解当然无疑是可以接受的。 纯粹的人物悲剧缺乏反叛的快乐源泉，这一点在社会戏剧中（例如在易卜生的戏剧中）再一次更充分地暴露出来，其程度超过希腊古典悲剧作家的历史剧。

因此，宗教剧、社会剧和人物剧的区别基本在于领域的不同，引向苦难的情节正是在这些领域里以斗争的方式得到展开。 现在，我们可以跟着戏剧的进程来到另一个领域，这个领域属于心理剧。 这里，造成痛苦的斗争是在主角的心灵中进行着，这是一个不同的冲动之间的斗争，这个斗争的结束绝不是主角的消逝，而是他的一个冲动的消逝；这就是说，斗争必须在否定中结束。 这个心理剧的先决条件和前面几个类型结合起来当然是可能的，比如，这制度的本身也可以是内部冲突的原因。 这就是爱情悲剧的所在；因为被社会文化、人类习俗或"爱与责任"之间的斗争所压抑的爱（我们在歌剧中常常看到这种斗争）就是繁衍不绝的冲突场面的出发点，这些场面就像人们繁衍不绝的色情白日梦一样。

　　但是，一系列的可能性变得更大了。当我们参与其中并希望从中获得快乐的痛苦源泉不在两个几乎是相等的意识冲动之间的冲突，而是意识冲动与被压抑的冲动之间的冲突时，心理剧就变成了精神病理剧了。这里，快乐的先决条件是观众必须自己就是神经官能症患者，因为只有这样的人才能从对被压抑的冲动的揭示和或多或少有意识的认识中获得快乐，而不是报以纯粹的厌恶。在任何不是神经病患者的人身上，这种认识只能引起厌恶，引起重复压抑行为的愿望，这个压抑行为早先成功地对冲动实行了压抑：因为在这样的人身上，单独使用压抑曾经完全控制了被压抑的冲动。但是在神经病患者身上，压抑难以成功；它不稳定，需要不断重新努力，如果对冲动有了认识，这个努力就不再需要了。因此，只有在神经病患者身上这类斗争才能发生，并且构成戏剧的主题；但是，即使在他们身上，剧作家也不仅仅激起释放的快乐，而且也激起对释放的抵抗。

　　第一个现代戏剧是《哈姆雷特》[①]。正如它的主题所表

---

① 弗洛伊德首次发表关于《哈姆雷特》的讨论是在《梦的解析》的第五章第四节中。（这个章节，本书已选译，题为《〈俄狄浦斯王〉与〈哈姆雷特〉》。——中译者）

明的，一个人面临着一项特殊性质的任务，由正常人变成了神经病患者，就是说，在这个人身上，一直被成功地压抑着的冲动，正努力要变成行动。《哈姆雷特》有三个特征，这些特征与我们现在的讨论似乎有重要关系：一、主角并不是精神变态者，而只是在情节发展的过程中变成了精神变态者。二、哈姆雷特的被压抑的冲动也是我们大家身上同样具有的，对这个冲动的压抑是我们个人发展的基础的组成部分。正是这个压抑，被剧中的紧张场面动摇了。根据上述这两个特征，我们很容易在主角身上认出我们自己：我们像哈姆雷特一样容易受到同样的冲突的影响，因为"在某种情况下一个没有失去理智的人就没有什么理智可以失去"。①三、对观众来说，作为戏剧艺术的第三个必需的先决条件似乎是一种理解的冲动（进入意识的努力），但是，无论这种冲动是怎样明确，却从来没获得过一个确切的名称；所以，随着观众的注意力的转移，观众的心中也经历了与戏剧人物同样的过程，而不是简单地看一看有什么事情发生了，并且观众还牢牢控制着他自己的感情，这样，阻碍感情发泄的一定数量的阻力无疑就免去了。就像在精神分析治疗中，我们发现，随着对压抑的即使是一个较弱的抵抗，被压抑的经验的衍生物变成了意识，而被压抑的经验本身却不能变成意

---

① 见莱辛《爱米丽雅·迦洛蒂》的第四场第七幕。

识。《哈姆雷特》中如此严密地隐藏着的冲突毕竟是留给我去揭露的东西。

　　大概是由于忽视了前述的戏剧艺术的三个先决条件，那么多的精神变态人物，才在舞台上像在真实生活中一样变得毫无用处。因为神经病患者是这样一种人，当我们第一次碰到他们处于内心冲突十分激烈的时候，我们可以同这个冲突格格不入。但是相反，如果我们认识这个冲突，我们就会忘记他是一个病人，正像如果他自己认识了这个冲突，他的病也就会好起来。好像是剧作家在我们身上引起了同样的疾病；如果我们和病人一道随着疾病的发展前进，情况便会是这样。这一点对于那些心里已经不存在压抑和压抑没有建立起来的人特别有意义。这种精神病理剧比《哈姆雷特》更进一步表现了神经病在舞台上的作用。但是，如果我们面对的是同我们始终格格不入的和十分严重的神经病患者，我们想到的是去请医生（正像我们在现实生活中所做的一样），并且宣布舞台上不该接受这个人。

　　忽视戏剧艺术的这三个先决条件的这一错误，好像发生在巴尔的《别人》①中。这里还有他的另一个错误：这个错

---

① 赫尔曼·巴尔(1863—1934)是奥地利小说家、剧作家，他的剧本《别人》于1905年底首次上演。该剧情节表现了一个双重人格的女主角尽管做了各种努力，仍不能摆脱对一个靠强力占有她的男人的依恋(这种依恋建立在对他的肉体感觉上)。——本文1942年的另一种英译文删去了关于《别人》的这一段。

误在戏剧所表现的问题中是含蓄的——作品不可能使我们完全相信，一个特殊的人物就有权使少女得到完全的满足。因此，她的情况还不属于我们上面所谈的情况。 而且，这里还有第三个错误：我们已经不需要发现什么了，我们的全部抵触情绪都被动员起来反对作者所提的那个爱的先决条件，这个先决条件对我们来说是那么令人难以接受。 看来，在我们所讨论过的戏剧艺术的三个先决条件之中，最重要的一个似乎是注意力的转移。

　　大体上也许可以说，单单凭众所周知的精神病的不稳定性和剧作家避免抵触情绪、提供"前期快乐"①的技巧，就能够决定如何在舞台上运用不正常人物。

---

① "前期快乐"，意指纯粹形式因素所提供的美感。参见本书内《作家与白日梦》一文的末段。——译者

作家与白日梦

(1908)

《标准版全集》编者按：这篇译文是发表于 1925 年的译文的修订本，题目也作了修改。

本文最初是弗洛伊德的一篇讲稿，是他 1907 年 12 月 6 日在维也纳出版商兼书商雨果·海勒（维也纳精神分析学会的成员）的寓所里，对着九十位听众宣读的。这篇讲稿的一个十分精确的概述发表于第二天的维也纳《时代》日刊上。讲稿的全文首次发表于 1908 年初，刊登在一家创刊不久的《柏林文学》杂志上。

在此前不久，弗洛伊德在关于《格拉狄瓦》的研究的著作中接触过有关创作的某些问题。在他再早一两年写的、生前未发表过的一篇论文《戏剧中的精神变态人物》中，他也探讨过有关创作的问题。但是，本文的主要兴趣与几乎写于同时的下一篇文章一样，在于对幻想的讨论上。

我们这些外行总是怀着强烈的好奇心想要知道——就

像那位红衣主教一样，他向阿里奥斯托①提出了类似的问题——不可思议的造物（作家）从什么源头汲取了他的素材，他如何用这些素材才使我们产生了如此深刻的印象，才在我们心中激起了我们也许连想都没想到自己会有的情感。如果我们向作家请教，他本人也说不出所以然，也不会有一个令人满意的解释，正是这个事实引起了我们更大的兴趣；即使我们彻底地了解了作家是怎样决定选材的，了解了具有创造性想象力的艺术的本质是什么，我们所了解的一切也根本不能帮助我们自己成为作家，——尽管如此，我们的兴趣一点儿也不会减弱。

如果我们能够至少在我们自己身上，或者在像我们一样的人们身上，发现在某些地方有与创作相类似的活动该多好啊。检验这种活动将使我们有希望对作家的作品开始作出一种解释。确实，这种可能性是有的。毕竟作家自己是喜欢缩小他们这种人和普通人之间的距离的；他们一再要我们相信，每一个人在心灵上都是一个诗人，不到最后一个人死掉，最后一个诗人是不会消逝的。

难道我们不该在童年时代寻找想象活动的最初踪迹吗？孩子最喜爱、最热衷的是玩耍和游戏。难道我们不能说每

---

① 红衣主教伊波里托·德埃斯特是阿里奥斯托的第一个保护人，阿里奥斯托的《疯狂的奥兰多》就是献给他的。诗人得到的唯一报答是红衣主教提出的问题："卢多维科，你从哪儿找到这么多故事？"

一个孩子在玩耍时，行为就像是一个作家吗？ 相似之处在于，在玩耍时，他创造出一个自己的世界，或者说他用使他快乐的新方法重新安排他那个世界的事物。 如果认为他并不认真对待那个世界，那就错了；相反，他在玩耍时非常认真，并且倾注了大量的热情。 与玩耍相对的并非是严肃，而是真实。 尽管孩子满腔热情地沉浸于游戏的世界，他还是相当清楚地把游戏的世界与现实区别开来；他喜欢把想象中的事物和情景与真实世界中可能的和可见的事物联系起来。 这个联系就是使孩子的"玩耍"不同于"幻想"的地方。

作家的所作所为与玩耍中的孩子的作为一样。 他创造出一个他十分严肃地对待的幻想的世界——也就是说，他对这个幻想的世界怀着极大的热情——同时又把它同现实严格地区分开来。 语言保留了儿童游戏和诗歌创作之间的这种关系。 （在德语中）充满想象力的创作形式叫作"Spiel"（"游戏"），这些创作形式与可触的事物联系起来，它们就得到了表现。 在语言中有"Lustspiel"或者"Trauerspiel"（"喜剧"或者"悲剧"，照字义讲，即"快乐的游戏"或者"悲伤的游戏"），把那些从事表演的人称作"Schauspieler"（"演员"，照字义讲，即"做游戏的人"）。 但是，作家想象中世界的非真实性，对他的艺术方法产生了十分重要的后果；因为有许多事情，假如它们是真实的，就不能产生乐趣，在虚构的戏剧中却能够产生乐趣。许多激动人心的事情本身实际上是令人悲痛的，在一个作家的作品上演时，它们却能变成听众和观众的快感的源泉。

这里，由于考虑到另一个问题，我们将多花一些时间来详述现实与戏剧之间的对比。当一个孩子长大成人再不做游戏时，在他工作了几十年后，以相当严肃的态度面对现实生活之时，有一天他可能会发现他自己处于再次消除了戏剧与现实之间的差别的精神状态之中。作为一个成年人，他能够回顾他曾经在童年时代做游戏时怀有的热切、认真的态度，并且把今天显然严肃的工作与童年时代的游戏等同起来，靠这种方法，他可以抛弃生活强加在他身上的过分沉重的负担，获得幽默提供的大量的快乐。①

于是，当人们长大以后，他们停止了游戏，他们好像也放弃了从游戏中获得的快乐。但是无论谁，只要他了解人类的心理，他就会知道，让一个人放弃他曾经体验过的快乐几乎比任何事情都困难。事实上，我们从来不可能丢弃任何事情，我们只不过把一件事情转换成另一件罢了。似乎是抛弃了的东西实际上被换上了一个代替物或代用品。同样，长大了的孩子在他停止游戏时，他只是抛弃了与真实事物的联系，他现在用幻想来代替游戏。他在空中建筑城

---

① 参见弗洛伊德《开玩笑及其与无意识的关系》(1905)的第七章第七节。

堡，创造出叫作白日梦的东西来。 我相信大多数人在他们的一生中是不时地创造着幻想的。 这是一个长时期被忽视的事实，因此它的重要性就没有被充分认识到。

人们的幻想比儿童的游戏难于观察。 的确，一个孩子独自游戏，或者为了游戏与其他孩子组成一个紧密的精神上的组织；尽管他可能不在大人面前做游戏，但是从另一方面看，他并不在大人面前掩饰自己的游戏。 相反，成年人却为自己的幻想害臊，并在别人面前把它们隐藏起来。 他把他的幻想当作最秘密的私有财产珍藏起来，通常，他宁可坦白自己的过失也不向任何人透露自己的幻想。 因此，可能产生这样的情况，他相信唯有他创造了这样的幻想，而不知道在其他人那里这类创造十分普通。 游戏者和幻想者在行为上的不同是由于这两种活动的动机不同，然而这两种活动的动机却是互相依附的。

孩子的游戏是由愿望决定的：事实上是唯一的一个愿望——它在他的成长过程中起很大作用——希望长大成人。他总是装扮成"成年人"，在游戏时，他模仿他所知道的比他年长的人的生活。 他没有理由掩饰这个愿望。 成年人的情况就不同了。 一方面，他知道他不应该再继续游戏和幻想，而应该在真实世界中行动，另一方面他认为把引起他幻想的一些愿望隐藏起来是至关重要的。 这样，他便为他那些孩子气的和不被容许的幻想而感到羞耻了。

但是，你会问，如果人们把他们的幻想弄得这么神秘，我们对这件事情又怎么会知道得那么多呢？ 是这样，人类中有这么一类人，分配给这一类人的任务的不是神，而是一位严厉的女神——"必然"——让他们讲述他们遭受了什么痛苦，以及什么东西给他们带来了幸福。[①] 他们是精神病的受害者，他们必须把他们的幻想夹杂在其他事情中间告诉医生，他们希望医生用精神疗法治好他们的病。 这是我们的知识的最好来源，因此我们找到了很好的理由来假设，病人所告诉我们的，我们从健康人那里也能听到。

现在，让我们来认识一下幻想的几个特征。 我们可以肯定一个幸福的人从来不会幻想，幻想只发生在愿望得不到满足的人身上。 幻想的动力是未被满足的愿望，每一个幻想都是一个愿望的满足，都是一次对令人不能满足的现实的校正。 作为动力的愿望根据幻想者的性别、性格和环境不同而各异，但是它们天然地分成两大类。 它们，或者是野心的愿望——用来抬高幻想者的个人地位，或者是性的愿望。 在年轻女人的身上，性的愿望占有几乎排除其他愿望的优势，因为她们的野心一般都被性欲的倾向所同化。 在年轻男人身上，自私的、野心的愿望与性的愿望共存时，是

---

① 这里指的是歌德的剧本《托夸多·塔索》最后一场中主角诗人所念的著名诗句：
当人类在痛苦中沉默，
神让我讲述我的苦痛。

十分引人注目的。 但是，我们并不打算强调两种倾向之间的对立，我们最好是强调它们经常结合在一起的这个事实。正如在许多基督教教堂的圣坛屏风上，画面的某个角落总可以看到捐赠者的肖像，在大多数野心的幻想中，我们在这个或那个角落总可以发现一个女子，幻想的创造者为她表演了他的全部英雄行为，并且把他的全部胜利果实堆在她的脚下。 这里，正如你所看到的，存在着为了掩饰的动机；教养良好的年轻女子只能有最低限度的性的愿望，年轻男人不得不学会压抑他对自己利益的过分注重——这种过分注重是在他童年时代受宠的日子里养成的——为的是在有着同样强烈要求的人群中可以找到自己的位置。

我们一定不要把这种想象活动——各种各样的幻想，空中楼阁和白日梦——看作是重复一个调子和不可改变的。正相反，它们根据幻想者生活印象的变换而有相应的变换，根据幻想者的情况的变化而变化，从每一个新鲜活泼的印象中接受那种可以称作"日戳"的东西。 幻想同时间的关系是十分重要的。 我们可以说幻想似乎徘徊于三种时间之间——我们的想象包含着的三个时刻。 心理活动与某些当时的印象，同某些当时的诱发心理活动的场合有关，这种场合可以引起一个人重大的愿望。 心理活动从这里追溯到对早年经历的记忆（一般是儿时的经历），在这个记忆中愿望曾得到了满足；至此，心理活动创造出一个与代表着实现愿望的未来有关的情况。心理活动如此创造出来的东西就是白日梦或幻想，这些东西包含刺激它发生的场合和引起它的记忆的特征。这样，过去、现在和未来就串在一起了，似乎愿望之线贯穿于它们之中。

一个非常普通的例子，可以把我所讲的问题说明得更加清楚。我们来假设一个贫苦孤儿的情况，你给了他某个雇主的地址，在那儿他也许能找到一份工作。路上，他可能沉湎于白日梦之中，这个白日梦与产生它的情况相适应。他的幻想内容也许是这类事情：他找到了工作，得到了新雇主的赏识，成了企业中不可或缺的人物，被雇主的家庭所接纳，娶了这家年轻漂亮的女儿，然后成了企业的董事，首先作为雇主的合股人，后来是他的继承人。在这个幻想中，白日梦者重新获得了他在幸福的童年时代曾占有的东西——保护他的家庭，热爱他的双亲和他最初钟情的对象。你从这个例子可以看出，愿望怎样利用一个现时的场合，按照过去的式样，来设计未来的画面。

关于幻想还可以讲许许多多，但我只是尽可能简明地说明某几点。如果幻想变得过于丰富，过于强烈，神经官能症和精神病发作的条件就成熟了。而且，幻想是我们的病人抱怨的苦恼症状的直接心理预兆。这里，一条宽阔的岔道进入了病理学。

我不能略而不谈幻想与梦的关系。我们在晚上所做的梦就是这样的幻想，通过释梦，我们可以证实这一点。[1] 语言家很早以前就以其无比的智慧对梦的本质问题作了定论，他们还给幻想创造定名为"白日梦"。尽管有这样的一些说明，为什么梦的内容通常总表现得含糊不清？那是因为这一情况：在夜晚，我们也产生一些令人羞愧的愿望，我们必须隐瞒这些愿望，因此它们受到了压抑，进入了无意识之中。这种受压抑的愿望和它们的派生物只被允许以一种相当歪曲的形式表现出来。当科学工作成功地解释了梦的变形这一因素时，我们便不再难以认识到夜间的梦完全与白日梦——我们全都十分了解的幻想——一样是愿望的实现。

关于幻想就谈这些。现在来谈谈作家。我们真能够试图将富于想象力的作家和"光天化日之下的梦幻者"[2]进行比较吗？将他的创作和白日梦进行比较吗？这里，我们必须从做最初的区别开始。我们必须区分这两类作家：像古代的史诗作家和悲剧作家一样接受现成题材的作家，似乎是由自己选择题材创作的作家。我们将要谈的是后一种，并且为了进行比较，我们将不选择那些批评们最为推崇的作家，而选择那些评价不高的长篇小说、传奇文学和短篇小说的作者，他们拥有最广泛、最热忱的男女读者群。首

---

① 参见弗洛伊德的《梦的解析》(1900)。
② "Der Träumer am hellichten Tag."

先，这些小说作者的作品中有一个特征不能不打动我们：每一部作品都有一个主角作为兴趣的中心，作家试图用一切可能的手段使他赢得我们的同情，作者似乎把他置于一个特殊的神的保护之下。 如果在我的故事的某一章的结尾，我让主角严重受伤，流血不止，失去知觉，我肯定会在下一章的开始让他受到精心的护理，并逐渐恢复起来。 如果第一卷以他们乘的船遇到暴风雨沉没为结尾，我们可以肯定，在第二卷一开始就会看到他奇迹般地获救——没有这个情节，故事将无法进行下去。 我带着安全感跟随主角经历他那危险的历程，这种安全感就像现实生活中一个英雄跳进水里去救一个溺水者，或者为了对敌人猛烈攻击而把自己的身体暴露在敌人的炮火之下的感觉。 这是真正英雄的感觉。 我们的一个最优秀的作家用一句无与伦比的话表达了这种感觉："我不会出事情的！"[1]但是，在我看来，在这种从不受伤害的特性的启示下，我们可以立即认出"至高无上的自我"，就像每一场白日梦和每一个故事的主角一样。[2]

这些自我中心的故事的其他典型特征指出了同样的类似的性质。 小说中的所有女人总是爱上了主角，这一事实很难看作对现实的描写。 但是，作为白日梦的必要成分，

---

[1] "Es Kann dir nix g'schehen!"这句话出自维也纳剧作家安岑格鲁贝之口，很受弗洛伊德的喜爱。语见《关于战争与死亡的思考》(1915)。

[2] 参见《论自恋》(1914)。

它却很容易被理解。同样，故事中的其他人物严格地分成好人和坏人，无视现实生活中观察到的人类性格的多样性。"好人"都是自我的助手，"坏人"都是自我的敌人和对手，这个自我就变成了故事的主角。

我们完全明白，许许多多富于想象力的作品与天真的白日梦的模式相距甚远。我还是不能消除这一怀疑：甚至偏离模式最远的作品也可以通过一系列不间断的过渡事件与模式联系起来。我注意到，在许多以"心理小说"闻名的作品中，只有一个人物——也总是主角——是从内部来描写的。作家仿佛坐在他的大脑里，而从外部观察其他人物。一般说来，心理小说的特殊性质无疑是由当代作家用自我观察的方法把他的自我分裂成许多部分自我的倾向而造成，结果就把他自己精神生活的互相冲突的趋势体现在几个主角身上。某些小说——我们可以称之为"怪僻"小说——似乎与白日梦的类型形成相当特殊的对比。在这些小说中，被当作主角介绍给读者的人物仅仅起着很小的积极作用，他像旁观者一样看着眼前经过的人们的活动和遭受的痛苦。左拉的许多后期作品属于这一类。但是我必须指出，这些作家对在某些方面背离了所谓的规范的个人所作的精神分析，使我们获悉白日梦的类似的变化，在这些变化中，自我用旁观的角色来满足自己。

如果我们对富于想象力的作家和白日梦者、诗歌创作和白日梦所进行的比较有什么价值的话，那么首先，这种价值必须以这种或那种方式显示出来。例如，让我们试着把前面主张的论点——关于幻想和三个时期之间的关系和贯穿于其中的愿望——应用到这些作家的作品上，并且借助于这个论点，让我们试着考察一下作家的生活与作品之间的关系。一般说来，没有人知道在这个问题的探讨中应该期望着什么，而且对这一"关系"的考察常被过分简单地对待了。凭着我们从研究幻想得来的知识，我们应该预期如下的事态：现时的强烈经验唤起了作家对早年经验（通常是童年时代的经验）的记忆，现在，从这个记忆中产生了一个愿望，这个愿望又在作品中得到实现。作品本身展示出两种成分：最近的诱发场合和旧时的记忆。①

不要因这个程式的复杂而大惊小怪。我猜测事实将证明它是一个极其罕见的方式。然而它可能包含着进入事情真相的第一步；根据我所做的一些实验，我倾向于认为这种观察作品的方法不会没有结果。你将不会忘记对作家生活中童年时代记忆的强调——这个强调也许是令人迷惑的——最终来自一个假设：一篇创造性作品像一场白日梦一样，是童年时代曾做过的游戏的继续和代替物。

但是，我们一定不要忘记回到前面提到的那类富有想象

---

① 弗洛伊德在 1898 年 7 月 7 日致弗利斯的信中讨论 C. F. 迈耶的一篇短篇小说的主题时，已经提出过相同的观点。

力的作品上去，我们必须认识，这类作品不是有独创性的创作，而是现成的和熟悉的素材的再造。即使在这里，作家也还保持着某种程度的独立性，这种独立性可以表现在素材的选择上，表现在各种各样的变化上，这种变化常常又是相当广泛的。不过，就素材近在手边而言，它来自流行的神话、传说和童话故事的宝库。对这样一类民间心理结构的研究还很不完全，但是极有可能的是，像神话这样的东西就是所有民族充满愿望的幻想，是人类年轻时期的世俗梦想歪曲了之后留下的痕迹。

你会说，虽然我的论文题目把作家放在前面，而我对作家的论述却比对幻想的论述少得多。我意识到这一点，但我必须指出这是由于我们的知识的现状所致。我所能做的只是提出一些鼓励和建议，从研究幻想开始，导向对作家如何选择他的文学素材这一问题的研究。至于另一个问题——作家在他的创作中用什么手段引起了我们内心的感情效果——到目前为止我们根本没有触及。但是至少我想已向你指出了一条道路，这条道路从我们对幻想的讨论通向了诗的效果的问题。

你一定还记得我在前面论述了白日梦者因为觉得他有理由为他的幻想感到害羞，便小心翼翼地在别人面前掩藏自己的幻想。现在我应该补充说，即使他把这些幻想告诉我们，他泄漏出来的东西也不会使我们感到快乐。当我们听到这些幻想时，我们会产生反感，至少是不感兴趣。但是，当一个作家把他的戏剧奉献给我们，或者把我们认为是他个人的白日梦告诉我们时，我们就会感到极大的快乐，这个快乐可能由许多来源汇集而成。作家如何完成这一任务，这是他内心深处的秘密；诗歌艺术的诀窍在于一种克服我们心中的厌恶的技巧，这种厌恶感无疑跟单一"自我"与其他"自我"之间的隔阂有关。我们可以猜测发挥这个技巧的两种方式：其一，作家通过改变和伪装他的利己主义的白日梦以软化它们的性质；其二，在他表达他的幻想时，他向我们提供纯形式的——亦即美学的——快乐，以取悦于人。我们给这类快乐起了个名字叫"前期快乐"（fore-pleasure）或"额外刺激"（incentive bonus）。向我们提供这种快乐是为了有可能从更深的精神源泉中释放出更大的快乐。[①] 我认为，一个作家提供给我们的所有美的快乐都具有这种"前期快乐"的性质，富有想象力的作品给予我们的实际享受来自我们精神紧张的解除。甚至可能是这样：这个效果的不小的一部分是由于作家使我们从作品中享受到我们自己的白日梦，而不必自我责备或感到羞愧。这个问题将

---

① 弗洛伊德把"前期快乐"（或"额外刺激"）的理论应用在《开玩笑及其与无意识的关系》（1905）第四章最后一段中。在《关于性欲理论的三篇论文》（1905）中，弗洛伊德也讨论了"前期快乐"的性质。

把我们引向另一些新的、饶有兴味的和复杂的调查研究，但是，在目前，这一点至少已经把我们带到了我们的讨论的终结。

列奥纳多·达·芬奇和
他童年的一个记忆

（1910）

《标准版全集》编者按：这篇译文——用了一个修改了的标题——《列奥纳多·达·芬奇和他童年的一个记忆》，这是阿兰·泰森的新译文。

弗洛伊德对列奥纳多的兴趣由来已久，这点在他于1898年10月9日致弗利斯①的信中的一句话里就表现出来了，他说："也许最著名的左撇子就是列奥纳多，人们不知道他有过什么恋爱事件。"而且，这一兴趣并不是一时的心血来潮，因为我们发现，在弗洛伊德填写他最喜爱的著作的"调查表"时，他提到了梅列日科夫斯基对列奥纳多的研究。但是促使他写作本书的直接起因却来自1909年秋天他所治疗的一个病人，正如他在同年10月17日给荣格的信中所说的：这个病人好像与列奥纳多有着同样的性格，只是没有他的天才而已。他还

---

① 弗利斯宣称，"两侧对称"（bilaterality）和"两性同体"（bisexuality）之间有联系，弗洛伊德对此提出质疑。这一争论是他们二人疏远的原因之一。

说,他从意大利弄到一本有关列奥纳多的青少年时代的书。这就是后面提到的斯柯纳米杰罗所撰写的专著。在阅读了这部著作和其他一些关于列奥纳多的著作之后,他在12月1日维也纳精神分析学会议上提到了这个研究课题。但是,直到1910年4月初他才得以写出他的研究成果,于5月底出版。

在这部著作的以后几版中,弗洛伊德做了许多修改和补充。其中,特别应该提到的是1919年增加的关于包皮环割术的短注,里特勒著作的摘录,引自普菲斯特著作的大段文字和1923年增加的关于伦敦草图的讨论。

弗洛伊德的这部著作并不是第一次用临床的精神分析法对过去历史人物的生活进行分析。这方面的实验别人已经做过了,特别是塞德格,他发表了对 C.F.迈耶(1908),对列娜(1909)和对克雷斯(1909)的研究成果①。尽管弗洛伊德以前根据作家的作品的某些情节,对作家做过少量的局部分析,但是在此之前,他从来没有写过这类长篇的评传。在写作本书之前很久,就是在1898年6月20日,他给弗利斯寄了一篇关于 C.F.迈耶的一个短篇小说《女法官》的研究文章,这篇小说描述了作家的早年生活;不过,对弗洛伊德来说,这部关于列奥纳多的专题著作是第一次,也是最后一次在传记领域里的长途跋涉。这本书遭到的非难似乎超过了以往。弗洛伊德在第

---

① 维也纳精神分析学会议的记录(可惜,这里未能引用)表明,在1907年12月11日的会议上,弗洛伊德对于以精神分析学方法写传记的问题作了一些说明。

六章的开始部分预先用一些论点为自己作了辩护,他这样做,显然是有道理的——这些论点甚至在今天对传记的作家和批评家也还是普遍适用的。

但是,直到最近,似乎没有一位本书的批评者指出过本书最大的弱点是什么,这真是怪事。对本书起了重要作用的一个因素是列奥纳多对食肉鸟落在他的摇篮里的记忆或幻想,列奥纳多在笔记本上把这只鸟的名字写作"nibio"(现在的拼写是"nibbio"),这是一个普通的意大利语词,意为"鸢"。但是,弗洛伊德在他的研究文章中把这个词译成德语的"Geier",这个词在英语中只能译作"秃鹫"。[①]

弗洛伊德的错误好像是出自他使用的某些德文译本。例如,玛丽·赫茨菲尔德在她的一篇关于婴儿幻想的译文中用"Geier",没用"Milan",而后面这个词在德语中通常译作"鸢"。但是,梅列日科夫斯基写的关于列奥纳多的著作的德文译本可能对弗洛伊德产生了最重大的影响,这一点在弗洛伊德的有标记的藏书中可以看出来。这本书是有关列奥纳多的大量资料的来源,他可能在这本书里第一次发现了这个故事。译本在婴儿幻想部分中用的德语单词是"Geier",尽管原著者梅列日科夫斯基自己正确地使用了"korshun",这个词在俄语中译作"鸢"。

---

① 这一点,被艾玛·里希特在她新近出版的《列奥纳多笔记选集》的一条注释中指出。她像普菲斯特一样,称列奥纳多的童年记忆为一个"梦"。

由于这个错误，一些读者也许会把全部研究看成毫无价值。但是，对这个错误，更冷静地审查一下，并仔细地考虑一下弗洛伊德的争辩和所作结论都已无效的一些方面，仍不失为一个好的主意。

首先，必须放弃在列奥纳多的画中"隐藏着的鸟"。如果它确是一只鸟，它就是秃鹫；它一点儿不像鸢。但是，这并不是弗洛伊德的"发现"，而是普菲斯特的。他在他那本著作的第二版才作了说明，弗洛伊德接受了它，但有所保留。

其次，更重要的是埃及语的问题。埃及语"母亲"(mut)的象形文字非常肯定地代表秃鹫，而不是鸢。加德纳在他的权威著作《埃及语法》(1950)中，证明了这个动物是"Gyps fulvus"，即鹰头狮身带有翅膀的怪兽——秃鹫。随之而来的问题是，弗洛伊德认为列奥纳多幻想中的鸟象征着他的母亲这一观点在埃及神话中找不到直接的证据，并且，列奥纳多的认识与这个神话也毫无关系。① 幻想与神话之间好像没有直接的联系。然而，这两者都单独提出了一个有趣的问题。古埃及人是怎样把"秃鹫"和"母亲"这两个概念联系起来的呢？埃及学者仅仅偶然地用语音的巧合来解释这个问题吗？如果不是，那么弗洛伊德关于"两性同体"的女神的讨论——且不管这个讨论与列奥纳多的关系—— 一定有它自己的价值。因此，即使这

---

① 秃鹫未受精而怀孕的故事，也不能作为列奥纳多在他的婴儿时期已经与他母亲结合的证据——虽然这结合与这个无效的特殊证据并不相矛盾。

只鸟不是秃鹫,列奥纳多对鸟落在他的摇篮里和鸟把尾巴塞进他的嘴巴里的幻想仍旧极其需要说明。弗洛伊德对这个幻想的精神分析并不与这个修正相抵触,而仅仅丧失了一个证据。

除了埃及语的讨论这个随之而来的枝节问题——虽然这个问题有它大量的独立价值——他的错误并没有影响研究的主要方面:对列奥纳多从早年开始的感情生活的详尽解释,对他的艺术冲动与科学冲动之间的冲突的叙述,对他的性心理历史的深刻分析。除了这个主要方面的论题,他的研究还向我们提供了一些也很重要的派生的论题:对创造性艺术家的心理本质和心理活动的一般性讨论,对一种特殊类型的同性恋的起源的概述,还有对自恋概念的首次详述——这些都对精神分析理论的历史特别有益。

一

精神病学研究一般喜欢利用意志薄弱的人作为材料,当这种研究接触到人类中伟大的人物时,研究的目的并不是像一般门外汉所想象的那样,"使辉煌黯然失色,把崇高拖入泥潭"①,这不是精神病学研究的目的;而且,缩小这样一

---

① "世界喜欢使辉煌黯然失色,把崇高拖入泥潭。"这诗句出自席勒的诗作《奥尔良少女》,这首诗收入他的剧本《奥尔良的姑娘》1801年的版本,作为外加的序诗。这首诗被认为是对伏尔泰的《少女》的一个攻击。

条鸿沟——一条将伟大人物的完美与忙于一般事务的人物的不足之处分离开来的鸿沟，只会使人不满。但精神病学研究不能不在这些著名人物的例子中，认出值得去理解的每一件事，它相信最伟大的人物也是受到那支配着正常的和病理的心理活动的规律影响的人。

列奥纳多·达·芬奇（1452—1519），甚至被他的同时代人也誉为意大利文艺复兴时期最伟大的人物之一；但他在他们眼中，就已经开始显得是一个不可思议的人物了，正像今天他在我们的心目中一样。他是一个多才多艺的天才，"他的轮廓只能猜测——永远也不能确定"。① 在他的一生里，对他最有决定性影响的是绘画；留下来让我们去认识的是他身上那种与艺术家结合在一起的科学家（和工程师）②的伟大。虽然他把绘画杰作遗留给了后人，他的科学发明却未被发表和利用。在他的发展过程中，他身上的研究气质从未完全与他身上的艺术气质相分离，前者反而经常对后者作了严重的侵袭，也许到头来还使他受到了压抑。据瓦萨里所说，列奥纳多在临终时责备自己未在艺术中尽到责任，冒犯了上帝和人类。③ 即使瓦萨里的这个故事没有任何可能

---

① 这话是雅各布·伯克哈特说的，曾被康斯坦丁诺娃引用。
② 这个圆括号里的字句，为作者 1923 年所加。
③ 他（列奥纳多）鞠躬后直起身来，坐在床上，讲述他的病情和医疗条件，他还说，由于他没有像应该做的那样去为他的艺术而工作，他冒犯了上帝和人类（见瓦萨里的著作，1919）。

性，只属于编造的传说，这些传说甚至在这位神秘的大师生前就已经围绕着他了。但作为当时人们所相信的事情的依据，这个故事仍然具有不可否认的价值。

是什么妨碍了列奥纳多的个性被他的同时代人所理解呢？当然不是因为他的才能的多面性和他的知识的广泛性。这种多面性和广泛性使他能自荐于米兰公爵卢多维科·斯福尔扎（人称摩洛二世）的宫廷，让他成为他自己的发明的特许执行者，还使他写给这位米兰公爵一封著名的信，在信中他自夸他作为建筑师和军事工程师取得的成就。在文艺复兴时期，常常可以见到在一个人身上表现出来的广泛而又多样的才能的结合，但是我们必须承认列奥纳多是这种结合的最光辉的典范之一。他不属于从自然界接受少得可怜的外部才能的那一类天才；他也不属于对生活的外部形式毫不重视，而只重视由于关心人类而精神充满痛苦忧郁的方面的那一类天才。相反，他颀长、匀称；相貌十分俊美，体力非同一般；他风度翩翩，长于雄辩，他对所有的人都是高高兴兴，和蔼可亲的。他热爱存在于他周围事物中的美；他喜爱华丽的服饰和看重生活的每一个精美之处。在一篇绘画论文的一段文字里——这篇论文展示了他对享受的强烈感受能力——他把绘画与它的姐妹艺术相比较，描绘了那等待着雕塑家的不便："他的脸上沾满了大理石粉末，看上去活像个面包师，他的身上落满了大理石碎屑，看上去好像大雪飘落在他的背上，他的屋里到处是碎石和灰尘。 而画家的情况就全然不同了……因为画家非常舒适地坐在他的作品跟前。 他衣着讲究，拿着轻快的画笔，蘸着欢快的色彩。 他穿着他喜欢穿的衣服，他的屋子里挂满了令人愉快的油画，到处都一尘不染。 经常有音乐或者各种精彩的朗诵伴随他，他可以怀着极大的乐趣，在没有榔头的噪音和其他声音的情况下欣赏它们。"[1]

所谓喜气洋洋、热爱享乐的列奥纳多这一说法，的确只可能用于艺术家生活中第一个时期，也是较长的那个时期。 尔后，当卢多维科·摩洛的统治倒台以后，列奥纳多便被迫离开米兰——他活动的中心和保障他地位的城市，过着缺乏稳定感和缺乏被世人认可的成就的生活。 待到他在法国找到了他最后的避难所，他性格的活力便渐渐消失，而他本性的古怪之处就日益显著了。 此外，随着时光流逝，他的兴趣逐渐从艺术转向科学，这必然使他与他的同时代人之间的鸿沟更加扩大。 当他不得不为订货而勤奋作画，并且变得富裕起来时（像他以前的同学佩鲁吉诺所做的那样），在别人的眼里他是在浪费时间，他所有的努力的成果都被他们看作仅仅是令人难以捉摸的微不足道的东西，人们甚至怀疑他在为"黑色艺术"[2]服务。 但我们现在能更好地理解他，因

---

① 《论绘画》，见路德维希的著作(1909)。又见里希特的著作(1952)。
② 指巫术。——译者

为我们从他的笔记中看到什么是他所从事的艺术。 在古代的权威开始代替教会权威的年代，在人们还不熟悉任何基于猜想的研究方式的年代，列奥纳多——一位先驱者，其价值足与培根和哥白尼竞争——必然是孤立的。 在他解剖死马和死人时，在他建造飞行器时，在他研究植物的营养和它们对毒物的反应时，他当然会与亚里士多德的评论家发生激烈的冲突，他几乎已被人们看作为人所不齿的炼金术士了。在那些不顺利的日子里，只有在他的实验室里，只有在从事他的实验研究中，他才找到了庇护。

这种情况影响到了他的绘画，他不情愿再拿起画笔，他画得越来越少，并把刚刚开始、大部分没有完成的作品搁了下来，对那些作品的最后命运漠不关心。 这正是他被同时代人所指责的：他的艺术态度对他们来说不啻是个谜。

列奥纳多后来的一些崇拜者企图为他开脱，说他性格中其实并无不稳定的缺陷。 他们为他辩护说，他受到指责的乃是一些伟大的艺术家们的普通特征：甚至精力旺盛的米开朗琪罗——一个为他的作品彻底献身的人，也留下了一些未完成的作品；在这样一个可以类比的情况中，就能明白列奥纳多和米开朗琪罗一样，并无过错可言。 而且，在某些作品中，他们声称，与其说是作品没有完成，不如说他已宣告作品就是那样了。 门外汉眼睛里的杰作对于艺术作品的创造者本人来说，只不过是他的意图的一个并不合意的体现。

关于完美，他有一些模糊概念，他会一次又一次地对复现这种完美的相似性感到绝望。 他们说，最不应该的是让艺术家对他的作品的最后命运负责。

纵然他们的这些辩解可能是有根据的，它们仍然不能掩盖我们所面临的列奥纳多的整个情形。 为一幅作品付出艰苦的努力，最终从作品中解脱出来，从此对它未来的命运漠不关心，这种情况在其他许多艺术家身上都可能发生，但是无疑这种行为在列奥纳多身上已达到了极端的程度。 索尔米曾引用列奥纳多的一个学生的话(1910)："当他着手绘画时，他好像一直是战战兢兢的，他从来没有完成过任何一幅已开始了的作品，他那样敬重艺术的伟大，他在其他人看作是奇迹的他的作品中发现了缺点。"索尔米接着说，列奥纳多最后的几幅作品：《丽达》《圣母奥诺弗里奥》《酒神巴克斯》和《年轻的施洗者圣约翰》，都是未完成的。 他所有的作品中或多或少都有这样的情况。 洛马佐在复制了《最后的晚餐》之后，在一首十四行诗中提到了列奥纳多不能完成作品这一众所周知的情况，诗中写道：

> 普罗托格尼斯从不放下画笔，
> 倒是配得上天才的芬奇——
> 没有一幅作品能进行到底。

列奥纳多绘画进度之慢成了人们的口碑。他在米兰的圣马利亚修道院绘制《最后的晚餐》，在作了最充分的准备研究后，历时整整三年。他的同时代人、小说家玛提奥·班德里——当时他是修道院中的年轻修道士——讲述过，列奥纳多经常很早就爬上脚手架，在那里一直待到黄昏，始终握着画笔，连吃喝都忘了。时间一天天过去了，他握着的笔却一笔也没有画。他有时在画前一待就是几小时，只是在心里琢磨他的作品。有时候，他从米兰城堡的庭院——他在那里为弗朗切斯科·斯福尔扎制作骑马者雕像的模型——直接来到修道院，只是为了在画像上加上几笔，接着就又中止了。[1] 据瓦萨里说，列奥纳多花了四年时间为佛罗伦萨画派的弗朗切斯科·德·乔康达的妻子蒙娜丽莎画像，依然不能把它彻底完成。这个情况也可以说明为什么这幅画始终未曾送到委托者手中，而一直是由列奥纳多保存着，随身将它带到了法国。[2] 后来它被国王弗兰西斯一世买下，今天成了卢浮宫最辉煌的瑰宝之一。

如果我们利用关于列奥纳多工作方法的这些记载，和他遗留下来的、以形形色色的形式展示了他作品中的每一个主题的大量草图和研究笔记加以比较，我们肯定会说，草率与不稳定的特征对列奥纳多的艺术甚至没有最微小的影响。

---

[1] 见冯·塞德利斯的著作(1909)。
[2] 见冯·塞德利斯的著作(1909)。

相反，倒是可以观察到一种不同寻常的深刻性和无穷的可能性，在这些可能性中，决定只能在犹豫不决中得出。 我们还能观察到一些极难满足的要求和实际制作中受到的限制。甚至艺术家本人也不能说明这些限制。 列奥纳多工作的这种始终显著的缓慢被看作这种限制的征兆，被看作他以后从绘画隐退的先兆。[①] 也是这一点决定了《最后的晚餐》所应得到的命运。 列奥纳多适应不了底色还没有干透就在上面快速作画的壁画画法，这也是他选择油彩的原因，等待油彩变干，他就可以延长完成作品的时间，以适应他的情绪和悠闲。 但是，这些涂在底色上的颜料与底色分离了，而底色又把它们与墙壁分开。 另外，墙本身的缺陷，建筑的未来命运决定了绘画似乎不可避免地会损坏。 [②]

一个类似的技术实验的失败使得作品《安吉亚里战役》毁掉了。 在与米开朗琪罗竞争的情况下，这幅画后来被他画在佛罗伦萨的会议厅的墙壁上，并且它也在没有完成的情况下被列奥纳多放弃了。 这里好像有一个异己的兴趣——在实验中——开始有助于这件艺术品，只是后来才有害于作品。

列奥纳多的性格显示出另外一些异常的特征和明显的矛盾。 某种消极和不在乎在他身上似乎显而易见。 当每个

---

① 佩特的著作（1873）中述及："但是在他一生中的某一阶段他确实几乎不再是一位艺术家。"

② 见冯·塞德利斯的著作第一卷（1909）所述关于企图修复和保存这幅画的历史。

人都试图获得他的活动的最大范围时——不发展对别人的有力的侵犯，这个目标就无法达到——列奥纳多却以他静静的和平和躲避所有的对抗与争吵而著名。 他温和善良地对待每一个人；据说他拒绝吃肉，因为他认为夺去动物的生命是不合理的；他特别喜欢在市场上买鸟，然后给它们自由。[①]他谴责战争和流血，他认为人并不是动物王国中的国王，而是最坏的野兽。[②] 但是，这种感情的女性的柔弱并没有阻止他伴随已被定罪的犯人上刑场——这样做是为了研究他们被恐惧扭曲了的面孔和在笔记本上为他们画速写，也没有阻止他设计最残酷的进攻型武器和作为一个军事总工程师来为君主博尔吉亚服务。 他经常表现出对善与恶的漠不关心，或者他坚持用特别的标准来衡量善与恶。 在最残酷、最奸诈的对手占领罗马涅的战役中，他以权威的身份陪伴着君主。在列奥纳多的笔记本中没有一行字是对那些日子发生的事件的批评或者与这些事件有关的记述。 这里可以作一个比较，即与法兰西战役中的歌德相比较。

如果传记研究真想让人理解它的主人公的精神生活，一定不要默默地避而不谈它的人物的性行为和性个性——作为过分拘谨和假装正经的结果，这情况存在于大多数传记中。

---

① 蒙茨的著作(1899)中述及：一个印度的同时代人给一个美第奇人的信中指出了列奥纳多的这个典型行为。见里希特的著作(1939)。
② 见波塔兹的著作(1910)。

对列奥纳多的这一方面人们所知甚少，不过这一方面的事却充满着意义。 在一个无节制的淫荡和悲观的禁欲主义之间激烈斗争的时期，列奥纳多表现了对性欲的冷淡和拒绝——这是一位艺术家和一位女性美的画家决不希望的事情。 索尔米引用的列奥纳多的话是他性感缺乏的证据："生育行为和与其有关的一切事情如此令人作呕，可假如没有长久形成的习俗，假如没有漂亮的脸蛋儿和感官享受的本性，人类将迅速消失。"①列奥纳多死后出版的作品不仅论述了最重大的科学问题，而且还述及了在我们看来几乎不值得这样伟大的思想家去注意的琐事（寓言性自然史、动物寓言、笑话和预言），②这些文章是极为纯朴的——有人甚至认为是禁欲的——即使今天，在纯文学作品中，它也会引起人们的惊讶。 它们如此坚决地回避任何有关性的事情，以至于好像独独只是厄洛斯这个神——所有生命的保护者——对于追求知识的研究者来说，是毫无价值的，不值得一顾的。③ 众所周知，伟大的艺术家多么经常地通过性甚至赤裸裸的猥亵的画来抒发他们的幻想，以此得到快乐。 而在列奥纳多那

---

① 见索尔米的著作(1908)。

② 见赫茨菲尔德的著作(1906)。

③ 对这一点的异议(尽管并不重要)，也许在他的《妙语集成》中可以找到，这本书还未被翻译。见赫茨菲尔德著作(1906)。——厄洛斯(Eros)是"所有生命的保护者"这个说法的提出要比弗洛伊德引进这个名词早十年，几乎是完全相同的短语，弗洛伊德用它来作为与死的本能对立的性爱本能的一般术语，例如用在《超越快乐的原则》(1920)。

里，我们只有一些关于女性内生殖器、子宫胎位等等的解剖草图。①

---

① (作者1919年增加的注释:)在列奥纳多为性行为所作的素描中，一些错误明显可见，素描是一幅平面解剖图(见附图三)，我们确实不能说它是诲淫的。里特勒发现了这些错误(1917)，并根据我在本书中提供的列奥纳多的性格的描述讨论了这些错误:

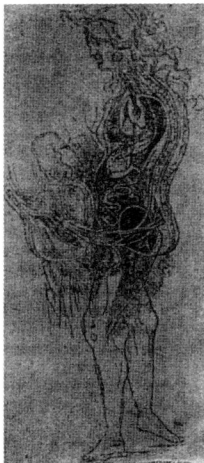

附图三

"正是在他绘制生殖行为的过程中，他的过分的研究本能完全失败了——显然，这只是他更加强大的性压抑的结果。男人的身体全画出来了，而女人的身体只画出局部。如果按图复制一幅画给一个没有成见的人看，当你把头以下的部分覆盖住，可以肯定，他会把这头认作是女人的头。前额波浪形的头发和披在身后长达第四或第五脊椎的头发，使这头更像女人的头。

"这个女人的乳房暴露出两个缺点。第一个缺点事实上是一个艺术上的缺点，因为它的轮廓显示出它是松弛的，而且令人不快地悬挂着。第二个缺点是解剖学上的，因为列奥纳多这个研究者显然由于避开性欲而不能再仔细观察哺乳期妇女的乳头。如果他作过观察，他一定注意到奶水是通过许多互不　（转下页）

值得怀疑的是列奥纳多是否从来没有热烈拥抱过女人；也不知道他是否和女人有过任何亲密的精神联系，就

(接上页)相连的排泄管流出来的。但是，列奥纳多只画了一条管道，这条管道一直延伸到腹腔。在他看来，奶水可能来自乳糜池，并且以某种方式与性器官有关联。当然，我们应该考虑到对人体内部器官的研究在当时是极为困难的，因为解剖人体被看作对死者的污辱，要受最严厉的惩罚。而且，供列奥纳多用的解剖材料是不多的，他是否知道在腹腔中有一个淋巴液囊，事实上还相当成问题，虽然在他的画里有一个腔，毫无疑问，他是想画一个这类的东西。但是，他画的输乳管一直向下延伸，直到与内生殖器相联系。从这一点，我们可以猜测，他试图用可见的解剖关系来描绘出乳汁分泌的开始与怀孕结束在时间上是一致的。但是，即使我们准备原谅艺术家对解剖学知识的欠缺而把这欠缺归因于他生活的环境，引人注目的事实依旧存在，列奥纳多如此粗心对待的正是女性生殖器。阴道和看上去像子宫的东西原可以毫无问题地画出来，但是表明子宫的线条却是十分混乱的。

"另一方面，列奥纳多绘制的男性生殖器要正确得多。例如，他不以画出睾丸为满足，他还画出了附睾，并且画得相当精确。

"特别显著的是列奥纳多所画的性交的姿势。一些著名的艺术家的绘画和素描描绘了背向的、侧向的性交等姿势。但是，一见到站着进行性交的素描，我们肯定会设想，这里有一个相当有力的性压抑使得这个行为被孤立地、近乎荒唐地表现出来。如果一个人想要快活，他总是尽可能使自己舒适；当然，这对两种原始本能——饥饿和爱——都是适用的。大多数古代人都躺着吃饭，很正常，今天的人们性交采用躺着的姿势，其舒适程度正像我们的古人躺着吃饭一样。躺着就愿望来说，多多少少意味着希望多待上一会儿。

"而且，长着女性头颅的男人的面貌表明了明确的愤怒的抵抗。他的双眉紧锁，带着厌恶表情的目光向一旁斜视。嘴唇紧闭，嘴角下垂。在这张脸上既看不到爱的极度快乐，也看不到纵情的幸福，它只表现出了愤怒和厌恶。

"无论如何，列奥纳多在画两个下肢时犯了最愚蠢的错误。事实上，男人的脚应该是右脚；因为列奥纳多用平面解剖图来描绘性交行为，男人的左脚便在图的最前面。根据同样的道理，女人的脚应该是左脚。但事实上，列奥纳多把男女调换了一下。男人有一只左脚，女人有一只右脚。如果人们想到大脚趾在脚的内侧，这个调换是很容易了解的。

"单单这张解剖图就可能推断出对里比多的压抑——这个压抑使这位伟大的艺术家和调查研究者混淆了某些事情。"——(1923年增加的注释:)里特勒的这些评论受到了批评，确实，批评的理由是：这么严肃的结论不应从一张草率的素描中得出，甚至不能肯定素描中的不同部分是否真的属于一体的。

像米开朗琪罗与维多利亚·科隆娜那样。当列奥纳多还是一个艺徒，住在他师傅韦罗基奥家里时，他被指控与其他一些年轻人进行被禁止的同性恋，这件事以他被宣判无罪结束。他好像无法摆脱这个怀疑，因为他雇用了一个名声很坏的男孩做模特儿。[①]当他成了师傅后，那些他认作学生的漂亮的孩子和青年整天围绕着他。这些学生中的最后一个，弗朗切斯科·梅尔奇陪伴他到了法国，直到他死也没有和他分开。梅尔奇被列奥纳多指定为继承者。梅尔奇与现代的列奥纳多的传记作者的观点不同，他当然抵制对这位伟大人物的无根据的诽谤，否定他与他的学生发生性关系的可能性。我们可以认为列奥纳多与这些年轻人充满感情的关系是极有可能的，在当时，和学生待在一起是风俗，但他们和他相处并不发展为性行为，高度的性活跃并不属于他。

只有一个方法使我们可以了解他的感情和性生活的特殊性，即联系列奥纳多作为艺术家和科学研究者的双重性格的方法。对他的传记作家说来，心理探讨常常是非常陌生的，在他们之中，据我所知只有一个人——埃德蒙多·索尔米——探讨了这个问题的解决方法。但是，选择列奥纳多作为一部大型历史小说的主人公的作家德米特里·谢尔盖耶

---

① 斯柯纳米杰罗认为(1900)，在《大西洋古抄本》中有一段含糊却又学识广博的文字可以作为这个事件的参考："当我把上帝描绘成婴儿，你把我送进监狱；如果我把他描绘成成年人，你对待我会更坏。"

维奇·梅列日科夫斯基创作了一部关于这位不平凡人物的读物，与那部历史小说相类似，这部读物刻画了人物的形象的主要部分，清楚地叙述了人物的思想活动，当然不是用平凡的语言，而是（经过作家想象的加工）用有创造性的词汇。[①] 索尔米对列奥纳多所下的结论是这样的(1908)："但是，对周围世界的了解的不可满足的欲望，以冷静的优势态度探测一切完美事物的最深层秘密的不可满足的欲望，这就宣告了列奥纳多的作品永远不会完成。"

在《佛罗伦萨会议论文集》中的一篇文章里引用了列奥纳多的一段话，这段话的见解表明了他的信仰，提供了关于他的本性的答案。他的话说的是："如果一个人没有获得对某一事物的本性的彻底了解，那么他就没有权利爱或恨这件事物。"[②]列奥纳多在一篇关于绘画的论文中重复了这段话，在论文中，他似乎在保卫自己免受非宗教的指责："不过，这样吹毛求疵的批评家[③]最好保持沉默。因为这个（艺术的创作过程），就是了解创造了众多的美妙事物的造物主的方法，就是热爱如此伟大的发明家的方法。因为事实上，伟大的爱只产生于对爱的对象的深刻的认识，如果你只知道一

---

① 梅列日科夫斯基声称(1902)：《列奥纳多·达·芬奇》是题为《基督与反基督》的伟大的历史三部曲的第二部。其他两部为《背教者朱利安》和《彼得和亚历克西斯》。

② 见波塔兹的著作(1910)。又见 J. P. 里希特的著作(1939)。

③ 指非难列奥纳多不敬神的人。——译者

点儿，你就只能爱一点儿，或者一点儿也不能爱……"①

在他们传达的这个重要的心理学的事实中，我们并不寻找列奥纳多的这些论述的价值，因为它们所断言的明显地是错误的，列奥纳多一定像我们一样清楚地知道这一点。 人并不是在他们研究了和熟悉了感情的对象之后才对它爱或恨的。 相反，他们的爱是冲动的，来自与认识无关的情感动机，它们的效力至多被反应和考虑所削弱。 列奥纳多的意思只能是，人类所进行的爱并不是适当的和无可非议的；一个人应该这样去爱：抑制感情，使它隶属于反应过程，只有当它面对思想的检验，才可以让它通过。 同时，我们知道，他希望告诉我们：这事情正发生在他的身上，并且如果每个人也像他那样对待爱和恨，这样做是有价值的。

在他那里，情况似乎确是这样。 他的感情被他控制着，并且隶属于研究本能；他不爱也不恨，但是他研究爱和恨的根源和意义。 所以，他首先表现出无区别地对待善与恶、美与丑。 他在调查研究的工作中抛掉了爱与恨的肯定与否定的标记，二者同样变为智慧的兴趣。 事实上，列奥纳多并不缺乏热情；他并不缺少隐藏在所有人类行为背后的直接或间接的推动力——天才的火花。 他只是把他的热情改变为求知欲；然后，他用从热情那里得来的固执、坚强和

---

① 《论绘画》，见路德维希的著作(1909)。

洞察力来使自己适应调查研究；在脑力劳动的顶峰，当他获得了知识，他允许长时期受拘束的感情解放出来，任其自由流去，就像引自大河的小溪，当它的工作完成以后，它就可以自由流走了。 在发明的顶峰，当他能够俯视全部联系的大部分，他会被感情征服，用欣喜若狂的语言赞美他研究出来的创造部分的光辉，或者——用宗教的措词——（赞美）他的造物主的伟大。 列奥纳多身上的转变过程被索尔米正确地理解了。 索尔米在引用一段列奥纳多赞美自然的崇高法律的文字（"啊，神奇的必然性……"）之后，他写道（1910）："把自然科学美化为一种宗教感情，是列奥纳多手稿的典型特征，在那里，这种例子层出不穷。"

由于永不满足和坚持不懈地求知，列奥纳多被称作意大利的浮士德。 但是，完全抛开对研究本能可能转变为生活享乐的怀疑——我们必须把这个转变作为浮士德悲剧的基础——我们就会贸然得出一个观点，列奥纳多的发展接近斯宾诺莎的思想模式。

心理本能的力向各种形式的活动转变，如同体力的转变一样，没有损失也许是不能成功的。 列奥纳多的例子告诉我们，有多少我们不得不重视的其他事情与这些过程是有关系的。 把爱延迟到知识丰富以后，这样做的结果是知识代替了爱。 一个走进了知识领域的人在爱、在恨是不恰当的；他超越了爱与恨。 他用研究代替了爱。 这可能就是为什么列奥纳多的生活在爱情方面比其他伟人、其他艺术家更不幸的原因吧。本性的暴风雨般的热情的起伏——别人在热情中享受了最丰富的体验——好像没有触及他。

还有一些更进一步的结果。研究也代替了行动和创造。一个开始对宇宙的壮观，它所具有的复杂性和规律略有所知的人很容易忘记他那毫无意义的自身。沉浸在赞美之中，充满了真正的谦卑感，他极容易忘记自己是那些活力的一部分，忘记在他力所能及的范围内，一条路正对他开放着，他可以试图去改变世界预定方向的一小部分——在这个世界中，一个小部分像一个大部分一样美妙和富有意义。

正如索尔米所相信的，列奥纳多对自然的研究可能开始于为他的艺术服务；[①]为了确保掌握对自然的模仿，并向别人指出这条道路，他直接努力于光的性质和法则、色彩、阴影和透视画法的研究。可能当时他已经过高估计了这些知识门类对艺术家的价值。不断追随着他的绘画需要的指引，他不得不研究画家的创作主题，动物和植物，人体的比例，以及通过它们的外部取得内部结构和生命机能的知识，这些确实在它们的外表上得到了表现，并且它们需要被描绘在艺术中。终于，变得势不可挡的本能把他带走了，直到它（研究本能）与他的艺术要求的联系被切断，因此，他才

① 索尔米写道(1910)："列奥纳多把对自然的研究规定为画家的守则……当研究的热情占领了统治地位，他便不再希望为艺术而求得知识，而只为了知识而求知。"

发现了技术的一般法则，推测出阿诺山谷中岩石分层和化石作用的历史，直到在他的书中用奔放的文笔写下了这一发现：Il sole non si moire（太阳不动）。[①] 他的调查研究实际上已经扩展到自然科学的每一个分支，在每一个独立的科目中，他是一个发明家，或者至少是一个预言家和先驱者。[②] 他的求知欲总是把他引向外部世界；有一些事情使他与对人类心理的科学研究相距甚远，而在《芬奇研究院》中，他画了一些精巧的互相缠绕的符号，这就为心理学留下了研究的余地。

后来，当他试图从调查研究返回他的起点——艺术训练，他发现他被兴趣的新方向和心理活动已改变了的性质所干扰。在一幅画里什么使他感到兴趣是首要问题；在这第一个问题的后面他看到随之而来的无数问题，这正如他在无止境的和不知疲倦的对自然的调查研究中经常遇到的一样。他不能再限制自己的需要，他不能再孤立地看待艺术作品，把它从他认为它所属于的宏大的结构中分离出来。经过竭尽全力的努力，他要把他的思想中与作品有关的每一件事都表现在作品中，他不得不在未完成的状态下放弃它，或者不得不声明作品还没有完成。

[①] 参见温德索的著作《解剖学笔记》第五卷第一至第六节。
[②] 参见玛丽·赫茨菲尔德所写的优秀的传记中列奥纳多的科学成就一览表（1906）。在《佛罗伦萨会议论文集》（1910）里和其他一些地方也有这方面的记述。

艺术家曾经雇用研究家来支持他的事业；现在，这个仆人已经变得很强大，以至于压制了他的主人。

当我们发现在一幅表现了一个人的性格的画中，一个单独的本能发展得过分有力，像列奥纳多的求知欲一样，我们便期望着对这个特殊倾向加以说明——虽然对它的决定因素（可能是器官的）我们几乎还一无所知。但是，我们对精神病患者的精神分析研究使我们形成了两个进一步的期望（设想）：在每一个特殊的病例中，我们会找到令人满意的证实。我们认为，像这样过分有力的本能（研究本能）在这个人的童年时代也许就已经活跃起来了，儿童时代的印象助成了这个本能的优势。我们还可以进一步假设，它从原始性本能的力量中获得了增援，因此，它才能在以后代替这个人的性生活的一部分。例如，一个这样的人会用别人用以对爱情的热烈的献身精神来追求研究事业，他会用科学研究来代替爱。我们大胆地推断，不仅在科学研究本能的例子中有一个性增援，而且在大多数本能特别强烈的情况中也是如此。

对人的日常生活的观察使我们知道，很多人成功地把他们性本能力量的相当重要的一部分引向他们的专业活动。性本能特别适于作出这类贡献，因为性本能具有升华能力：它有能力用另一些有更高价值却又不是性的目标来代替它的直接目标。我们承认这个已被证明了的过程，即不论什么时候，一个人童年的历史——也就是他精神发展的历史——表明，这个过分强大的本能是为性的兴趣服务的。 我们进一步证实了，如果性生活在成熟期发生了明显的萎缩，一部分性活动似乎就被过分强大的本能活动所代替了。

把这些期望（设想）应用于过分强大的科学研究本能似乎特别困难，因为人们恰恰不愿相信在儿童身上有这个重要的本能，或者任何显著的性兴趣。 但是这些困难很容易被克服。 小孩子的好奇心在他们不知疲倦地老爱提问题时显示出来；只要成人不知道孩子提的所有这些问题只不过是遁辞——它们没完没了是因为孩子想用它们代替他没有问的那个问题——成人就会迷惑不解。 当孩子长大了一些，变得懂事了，这种好奇心的表现常常会突然中止。 精神分析的调查研究为我们提供了一个充分的说明，因为许多儿童，也许是大部分的儿童，或至少是大部分有天赋的儿童，从他们三岁开始便经历了一个叫作"幼儿性研究"时期。 就我们所知，处在这个年龄的儿童的好奇心不会自发地觉醒，而是被一些重要事件的印象所唤起——被小弟弟或小妹妹的出生，或者被惧怕他们出生的感情所唤起，这些经验使孩子感到了他的自私的利益受到威胁。 研究导致了婴儿来自何处的问题，孩子确实好像在寻求抵抗特别不受欢迎的事件的方法和手段。 在这方面，我们十分惊讶地看到，孩子们拒绝相信提供给他们的点滴知识——例如，他们有力地拒绝具有丰富神话意义的鹳的寓言，孩子们的智慧只表现为怀疑行为，他们常常感到与成年人的严重的对立，事实上，以后他们再没有原谅过成人在事实真相面前欺骗他们。 他们沿着自己的路线进行调查研究，猜测在母亲身体中婴儿的存在，追随着他们自己性欲冲动的引导而形成了婴儿起源于吃饭，他们是通过肠子生出来的，父亲起了不清楚的作用等理论。在那时，他们已经有了性行为的概念，在他们看来性行为是某种敌对的、粗暴的事情。 但是因为他们自己的性构造还没有达到能生孩子的地步，他们对婴儿来自何处的调查研究不可避免也是一场空，并作为无法解决的事情而被放弃。第一个智慧独立的企图的失败所产生的印象是那类持久的、深深压抑着的印象。①

当"幼儿性研究"时期被有力的性压抑的高潮所终止时，由于与性兴趣有最初的联系，科学研究本能就有三种相当不同的变化类型。 在第一种类型中，科学研究分担了性欲的命运；从此以后，好奇心处于抑制状态，智力的自由活动可能在这个人的一生中受到限制，特别是在对思想起着强

---

① 通过研究我的《对五岁儿童的恐怖症的研究》(1909)以及类似的观察的结果,这些不大可能夸张的断言便能得到证实。(1924 年以前,后面的话是这样的:"以及在《精神分析学和精神病理学研究年鉴》的第二卷中的类似的观察结果的记述。")在《儿童性理论》的一篇论文中我写道:"但是,这个沉思和怀疑成了以后所有解决问题的智力活动的原型,第一个失败对孩子的一生具有丧失活动能力的影响。"

有力作用的宗教控制刚刚被教育强化之后。 这是以神经性抑制为特性的类型。 我们很清楚地知道，由此而引起的智力低下常容易刺激神经病的发作。 在第二种类型中，智力发展强大到足以抵制约束它的性压抑。 在"幼儿性研究"时期结束后，有时候强大起来的智力恢复了旧日与性兴趣的联系，并促成逃避性压抑。 科学研究的被压抑的性活动以强迫的沉思方式从无意识中冒出来（自然，也是在被歪曲和不自由的方式中），但它有足够的力量使思想本身具有性的特征，用属于性过程本身的快乐和焦虑给智力工作染上色彩。 这里，科学研究成为一种性活动，常常是唯一的活动，来自一个人头脑中的解决和说明事情的感情代替了性满足；但是孩子在调查研究中表现出来的没完没了提问的特性，仍然在漫无止境的沉思和如此渴望发现答案的感情逐渐衰退的过程中不断重复着。

由于一个特殊气质的优势，最珍贵和最完美的第三种类型逃避了思想的限制和神经病的强迫思想。 在这里，实际上性压抑也发生，但是，性压抑不会把这部分性愿望本能降为无意识。 取而代之的是，里比多（Libido，意为性欲本能）靠着一开始就升华为好奇心，作为增援的力量，附属于强有力的科学研究本能来逃避受压抑的命运。 在这里，科学研究也变成了某种程度的强迫和性活动的代替物；但是，由于基础的心理过程完全不同（升华代替了被压抑的无意识），神经病的性质就没有出现，这里没有对"幼儿性研究"时期的原始情结的依恋，本能在为智力兴趣服务时可以自由活动。性压抑通过把升华的里比多增加给本能而使本能特别强大，这个性压抑仍旧是受本能的驱使，它避免与性主题有任何联系。

如果我们考虑到在列奥纳多身上同时发生的过分强大的科学研究本能和性生活的衰弱（它只限于人们称作理想的[升华的]同性恋），我们就不得不把他作为第三种类型的典型例子。他的本性的核心和秘密将显示出，他的好奇心的活动以幻想的方式在为性兴趣服务，在此之后，他成功地把里比多的绝大部分升华为对科学研究的迫切需要。但是可以肯定，证实这个观点是正确的并不容易。要做到这样，我们就需要了解在他童年早期心理发展的一些情况，但关于他生活情况的记载是如此贫乏，如此不可靠，而且这是个事实报道的问题，这问题甚至在我们这个时代也不为观察家所重视，在这种情况下，寄希望于这类材料似乎有些愚蠢。

有关列奥纳多的青年时代我们所知甚少。1452年他生于佛罗伦萨与恩波利之间的一个叫作芬奇的小镇，他是一个私生子，这在当时当然没有被认为是一个十分严重的社会耻辱；他的父亲叫塞尔·皮耶罗·达·芬奇，是一个公证人，出身于一个农民家庭，一个公证人的后裔，姓是从当地的地名借来的；他的母亲叫卡泰丽娜，大约是个农村姑娘，后来与另一个芬奇地方的人结婚了。 在列奥纳多的生活中，这个母亲再也没有出现过，只有梅列日科夫斯基——小说家——相信他自己发现了她的一些踪迹。 有关列奥纳多童年时代的唯一可靠的一段记载来自 1457 年的一份官方文件；这份文件是为了征税而设的佛罗伦萨土地登记簿，其中提到芬奇家族的成员。① 列奥纳多是其中一员，是塞尔·皮耶罗的五岁的私生子。 塞尔·皮耶罗与一个叫作唐娜·阿尔贝拉的女人结婚后没有孩子，因此就有可能让小列奥纳多在他父亲的家中长大。 他一直没有离开家，直到——不知道在几岁——他作为一名艺徒进了安德烈亚·德尔·韦罗基奥的工作室。 1472 年，在"画家团体"的成员名单中已经可以找到列奥纳多的名字了。 仅此而已。

二

就我所知，在列奥纳多的科学笔记本上只有一处记载了一条关于他童年的情况。 在一段描绘秃鹫飞行的文字中，他突然中断了叙述，转而对出现在脑海中的一个很早时期的回忆作了描述：

---

① 参见斯柯纳米杰罗的著作(1900)。

"看来我是注定了与秃鹫有着如此深的关系；因为我想起了一段很久以前的往事，那时我还在摇篮里，一只秃鹫向我飞了下来，它用翘起的尾巴撞开我的嘴，还用它的尾巴一次次地撞我的嘴唇。"①

这里，我们看到的是一段童年时代的记忆；也确是一段十分奇怪的记忆。因为它的内容，也因为它被认定的年龄都是很奇怪的。一个人也许不是不可能保留他吃奶时期的记忆，但是无论如何也不能把它看作是确凿无疑的。列奥纳多的这段记忆所宣称的事情——即秃鹫用尾巴撞开孩子的嘴——似乎太不可能，太神奇了；因此另外一种观点——一个一下子可以解决两个难点的观点——我们的判断中看来是更可取的。根据这个观点，秃鹫的场面不是列奥纳多的记忆，而是一个幻想，是他在以后的日子里形成的，又转换到了他的童年时代去的一个幻想。②

----

① 参见《大西洋古抄本》。这内容同斯柯纳米杰罗的记载(1900)是一样的。(弗洛伊德在德文本中引用了赫茨菲尔德根据意大利原文译的德文本的文字。事实上，弗洛伊德的德文本中有不确切的地方！"nibio"应该是"鸢"，而不是"秃鹫[参见本文《标准版全集》编者按]；并且，"在[嘴]里面撞击"，被遗漏了。这个遗漏，弗洛伊德在后文里作了纠正。)

② (作者1919年增加的注释:)哈夫洛克·埃利斯在对本书进行友好的评论(1910)时，对上述观点提出了异议。他不同意列奥纳多的记忆可能有现实基础，因为儿童的记忆常常比一般设想的时间要迟；所说的大鸟当然不一定非是秃鹫。这一点我是乐于承认，为了减少困难，我应该提出一个意见——也就是说，他的母亲见到了大鸟对他孩子的拜访(在她的眼里，这事件很容易具有预兆的意　(转下页)

童年记忆经常是这样出现的。同成年时期的有意识的记忆完全不同，它们并不固定在被经验的时刻，又在以后得到重复，而是在以后的年月，即童年已经逝去了的时候才被引发出来；在它们被改变和被伪造的过程中，它们是要服务于以后的趋势的，所以，一般说来，它们与幻想并不能被明确地区别开来。如果我们把它们的本质与那种发源于古人中的历史写作加以比较，也许就能最清楚地阐明这一点。只要一个国家又小又弱，它就想不到要去写历史。人们耕种土地，为了生存同邻国争斗，试图从他们那里夺得领土和财富。这是英雄们的时代，不是历史家的时代。接着出现了另一个时代，思考的时代：人们感到自己是富裕和强大的，现在，他们感到有必要知道他们来自何处，又是怎样发展起来的。历史最初开始时是对现在作出不断记录，接着回顾过去，并且搜集传统和传奇，解释在风俗和习惯中幸存下来的古代的痕迹，这样就创造了过去的历史。这种早年历史不可避免地会是当前信仰和愿望的表达，而不是过去的

（接上页）义)，并且在以后反复告诉他这件事情。我认为，结果他保留了他母亲讲给他听的故事的记忆，以后，就像经常发生的那样，他很可能把这个记忆当作他亲身经历的记忆。不管怎样，这个改变无损我总体叙述的力量。确实，一般的情况是，人们后来构成的有关童年时代的幻想属于这个早期——一般总被遗忘——的琐碎的但真实的事件。因此，重视不重要的真实事件，像列奥纳多在他的鸟——他叫它秃鹫——和它的显著行为的故事中所做的那样来精心处理这个真实事件，一定有某些隐秘的道理。

一幅真实图画；因为许多事情从民族记忆中被漏掉了，另一些事被歪曲了，其他一些过去的情况为了适应现时的思想被错误地解释了，此外，人们写历史的动机不是客观的求知欲望，而是想影响他们的同时代人，想鼓动和激励他们，或者想在他们面前放一面镜子。一个人对他成年期事件的有意识记忆完全可以类比于第一类历史（即当时事件的编年史），而他对于童年的记忆——就它们的起源和可靠性而言——与民族最初年代的历史是相似的。这是后来汇编的，并且是为了有倾向性的理由而汇编的。[①]

那么，如果列奥纳多关于在摇篮里秃鹫来访的故事只是后来一个时期的幻想，人们也许会认为花这么多时间在这上面太不值得了。人们也许会满足于在他的爱好的基础上对这个故事作出解释——他从不隐瞒他的爱好——他把对于飞鸟的兴趣看作命运的预先安排。但要低估了这个故事，一个人也许会犯下很大的错误，就像一个人粗心地抛弃了民族早期的历史中发现的传奇、传统和所作解释的主要部分一样。尽管有歪曲和误解，它们还是代表了过去的现实；它们是人们根据早期经验，并在曾经很强大、今天仍起作用的动机的支配下形成的；如果用上所有的知识的力量能使这些歪曲了的事物恢复过来，那么揭开传奇性材料背后的历史真

①　弗洛伊德的《日常生活的心理分析》(1901)的第四章论述了童年记忆和隐蔽性记忆，在1907年增写的部分中，弗洛伊德把它与历史作了同样的比较。

相是没有问题的。 这同样适用于一个人的童年记忆或幻想。 一个人思考他在童年时代留下的印象并不是无足轻重的；一般说来，残留的记忆——这些东西他自己也不理解——掩盖着他的心理发展中最重要特征的无法估价的证据。① 今天，当我们在精神分析的技术中拥有了卓越的方法，能帮助我们认识隐藏着的材料时，我们就可以通过分析列奥纳多关于童年幻想来试图填补他生活故事中的空白。如果在这样做的时候，我们仍不满意我们所取得的确实性程度，我们就不得不用这样的想法来安慰自己了：对这位伟大

---

① （作者1919年增加的注释：）我写了上面这些话以后，我又试图对另一个天才人物的难以理解的童年记忆作同样的分析。歌德在六十岁时在《诗与真》中对他自己的生活作了描述，开始几页有一段描写了他怎样在他的邻居的怂恿下把一些陶器从窗口抛到大街上，开始是一些小件，后来是一些大件，它们都摔得粉碎。确实，这是他描述的早期童年岁月的唯一一场景。它的内容毫无意义，它与其他没有成为特别伟大的人的童年记忆相同，在这一段中对他弟弟的任何记忆的缺少——他的弟弟生在他三岁九个月的时候，死于他还不到十岁的时候，所有这些都促使我对这个童年记忆进行分析(事实上，歌德在书的后面部分，在详述童年的许多疾病时提到了他的弟弟)。我希望我最终能用与歌德描述的上下文相一致的东西来说明这个记忆，这些说明的内容将使得这个记忆值得保留，将使得它与歌德在他的生活历史中给它的位置相协调。简短的分析(《〈诗与真〉中的少年时代回忆》[见弗洛伊德1917年的著作])使得有可能把掷陶器作为一个反对讨厌的入侵者的魔幻的行为来加以认识；书中他描写这段情节的地方表现出他是要达到这样的意图，即最终不许第二个儿子干扰他母亲与歌德的亲密关系。如果在这样的伪装中保存下来的童年记忆应该——在歌德的情况中与在列奥纳多的情况中一样——与母亲有关，那么这里边有什么可以令人惊奇的呢？ ——在1919年的版本中，"在这一段中对他弟弟的任何记忆的缺少……"这个句子，改写成这样："……很明显，一点儿也没有提到弟弟的任何事情……" 1923年的版本用的仍是前面的这个句子，句子结尾还加上了圆括号。1924年，弗洛伊德在论歌德的文章的增加的注释中，说明了这个变化。

的、谜一样的人物，其他的许多研究也没有遇到更好的命运。

如果我们用精神分析学家的目光来看待列奥纳多关于秃鹫的幻想，这个幻想很快就会显得不奇怪了。我们似乎会回忆起在许多地方都遇到了同样类型的事情，例如在梦里；因此，我们才不厌其烦地把幻想从它自己特殊的语言中翻译成普遍理解的文字。这种翻译可以看作指向一种性的内容。一个尾巴——"coda"——在意大利语中和在其他语言中一样，都是男性生殖器的最为人所熟悉的象征和起到代用作用的表达；[①]幻想中的情况——秃鹫用翘起的尾巴撞开孩子的嘴，在嘴里面强有力地撞着——与舐淫（fellatio）行为，即把阴茎放入有关系的人嘴巴里的性行为是相一致的。很奇怪，这个幻想在性质上是完全被动的；而且它很像在女人或被动的男同性恋者身上发现的某些梦和幻想（所谓被动的男同性恋者是在性关系中扮演女人的角色的人）。

我希望读者能克制一下，不要因为精神分析学刚运用到伟大而又纯洁的人身上时，似乎是对他的记忆的不可饶恕的

---

① 参见《"鼠人"情况的"原始记录"》。——应该指出（假设这只鸟事实上就是鸢），鸢的长长的分叉的尾巴是它的一个显而易见的特征，在它的飞行艺术中尾巴起了重要的作用，毫无疑问，这个尾巴在列奥纳多观察它飞行时吸引了他的注意力。弗洛伊德在这段里讨论的鸢尾巴的象征意义被最近发表在《泰晤士报》（1956 年 7 月 7 日）上的一篇《鸢的鸟类学》描述中的话证实了："有时尾巴在右角向水平面呈扇形展开。"

诽谤，就让愤怒的冲动使他不能跟随精神分析学一起向前走去。很清楚，这样的愤怒永远不能告诉我们列奥纳多童年幻想的重要性；同时，列奥纳多用最清楚的方式承认了这个幻想，而我们也不能放弃我们的期望（设想）——或者，如果听上去谦虚一些，也可说不能放弃我们的偏见——即这种幻想一定有某些意思，就像另外一些同类的心理创造：一个梦，一个幻想或一句胡话。所以，我们暂时最好还是心平气和地听听分析工作所讲的内容，它确实还没有讲出它最后的话呢。

把男人的性器官放入口中加以吮吸，这种爱好在体面的社会里被认为是令人作呕的性变态，然而在今天的妇女中间却屡见不鲜——在古时候也是如此，例如一尊古代雕塑所显示出来的那样——在恋爱状态中，它仿佛完全失去了令人厌恶的特性。医生们发现，甚至在那些没有从克拉夫特-埃宾的《性精神变态》或从其他的知识来源中懂得这种口淫方式有可能获得性满足的妇女身上，也会产生与这种爱好有关的幻想，她们自发地产生这种想入非非的幻想，好像没有什么困难。① 进一步的研究告诉我们，受到道德如此严厉谴责的这种情形可以溯源于一种最纯洁的本质。它只不过是以不同的方式重复了我们都曾一度感到了欢乐的一种情形，即当

① 参见我的《歇斯底里症分析残篇》(1905)。

我们还在吃奶的时期（"那时我还在摇篮里"），把我们母亲的（或奶妈的）乳头放进我们的嘴里吮吸。这一经历的器官印象——我们生命中第一个快乐的源泉——无疑永远铭刻在我们心上。在以后的日子里，当孩子熟悉了奶牛的乳房——它的功能与人的乳房一样，但它的形状与它在腹下的位置使它与阴茎相似——性认识的初级阶段就达到了，以后这个初级阶段会使他形成令人反感的性狂想。[①]

现在我们理解了为什么列奥纳多把他想象中的与秃鹫的经历看作他吃奶时期的记忆。幻想所掩盖的只是在母亲怀中吮吸乳头，或者得到哺育的回忆，这是人类之美的一个场景。他像许多艺术家一样，在圣母和她的孩子的幌子下用他的画笔加以描绘了。确实，另外一点我们还不了解，而这一点我们不能忽略：这种对两性同样重要的回忆被列奥纳多这个人改变成了被动的同性恋幻想。暂时，我们先把什么是与同性恋和吮吸母乳有关的问题搁在一边，仅仅记住，传统观点确实把列奥纳多作为一个具有同性恋感情的人来表现的。在这一点上，我们的目的与那对年轻的列奥纳多的指责公正与否并不相干。使我们决定说某人是不是一个性倒错者[②]的，不是他的实际行为，而是他的情感态度。

接着激起我们兴趣的是列奥纳多童年幻想的另一个难

---

① 参见弗洛伊德对"小汉斯"的分析。
② 在1910年的版本上写道："一个同性恋者"。

以理解的特征。 我们把幻想解释为得到母亲哺育的幻想，我们发现他的母亲被秃鹫所代替。 秃鹫来自何处？ 又怎样在它现在的地方碰巧被发现了呢？

关于这一点，我想起一个来自遥远的地方的思想，这个思想吸引着我的注意力。 在古埃及人的象形文字中，母亲是由秃鹫的画像来代表的。[①] 埃及人还崇拜女神，这个女神被表现为有一个秃鹫的头，或者有几个头，但其中至少有一个是秃鹫的头。[②] 女神的名字读作穆特。 它与我们的德语单词"Mutter"（"母亲"）发音相近，这难道仅仅是巧合吗？ 那么在秃鹫和母亲之间是有一些真正的联系的，但是这对我们有什么帮助吗？ 我们有什么权力期望列奥纳多知道这一点？ 因为第一个成功地阅读了象形文字的人是晚得多的弗朗索瓦·商博良(1790—1832)。[③]

了解一下古埃及人是如何选择秃鹫作为母亲的象征一定很有意思。 甚至对希腊人和罗马人来说：埃及人的宗教和文明也是科学的好奇心的对象，在我们能看懂埃及的遗迹很久之前，我们便从尚存的古典著作中获得了关于这方面的一些为我们所用得着的知识。 其中一些著作出自名家之手，例如斯特拉博、普鲁塔克和阿米阿努斯·马尔切利努

---

① 赫拉波洛·尼里(《象形文字》第一卷)："为了表示母亲……他们描绘出秃鹫。"
② 参见罗斯彻的著作(1894—1897)。又见兰佐尼的著作(1882)。
③ 参见哈特莱本的著作(1906)。

斯；另一些著作为人们所不熟悉的作家所著，著作的资料来源及成书日期也不确定。例如赫拉波洛·尼里的《象形文字》和那本关于东方教士的智慧的著作，传下来的作者的名字是赫耳墨斯·特利斯墨吉斯忒斯这个神的名字。我们从这些来源中知道，只是由于人们只相信雌秃鹫的存在，秃鹫才被看作母亲的象征；人们认为这一物种是没有雄性的。①关于单性生殖的对应例子可以在古代自然史中看到：埃及人对圣甲虫崇拜得五体投地，认为它是有神性的，因为他们以为只有雄性的圣甲虫。②

如果所有的秃鹫都是雌性的，人们如何想象它们的妊娠呢？这一点在赫拉波洛的著作中有充分的说明：在某一时刻，这些鸟停留在空中，张开它们的生殖器，风使它们受精。③

现在，我们意外地来到了一个地方，这里，我们可以把一些不久前还认为荒谬而加以拒绝的事情看作很有可能的了。列奥纳多极有可能熟悉一则科学寓言，这则寓言阐明

---

① 艾利安《动物的本性》第二卷："他们说，从来就没有雄秃鹫，而只有雌秃鹫。"

② 普鲁塔克："正如他们相信的，只有雄圣甲虫，所以埃及人下结论说雌秃鹫是找不到的。"（这里，弗洛伊德不小心把这几句话划到普鲁塔克的账上，实际上，它们是李曼斯为赫拉波洛所写的注释[1835]。）

③ 赫拉波洛·尼里的《象形文字》（李曼斯编辑，1835）中有关秃鹫的性别的文字是这样写的："（他们用秃鹫的图画来表示）一个母亲，因为在这类动物中是没有雄性的。"——好像赫拉波洛的著作中弄错的一段在这里被引用了。著作中的措辞意指我们在这里应该采用秃鹫由风受孕的神话。

了为什么埃及人用秃鹫作为母亲这一概念的形象化代表。他的阅读面是很广的，他的兴趣包括了文学和知识的一切科目。 在《大西洋古抄本》中我们发现了一份他在某一特定时期里所拥有全部图书的目录，[①]另外还有他从朋友那里借来的其他图书中做下的大量笔记；如果我们能够根据里希特所记述的列奥纳多笔记摘录（1883）[②]来下判断，他的阅读范围几乎怎么估计也不会太高。 除了同时代的书籍外，关于自然历史的早期著作在其中占了很重要的位置——所有这些书籍在当时已被印行了。 米兰实际上是意大利新印刷技术的领头城市。

再研究下去，我们得悉一个情况，它能把列奥纳多知道秃鹫寓言的可能性转变成肯定性。 赫拉波洛的博学著作的编辑者和评论家就上面已经引用过的原文作了如下的笔记：“但是，这个关于秃鹫的故事已经被教会的神父们热切地接受了下来，靠着从自然秩序中获得的证据，他们企图驳斥那些否认圣灵感孕的人。 所以，这个话题几乎在他们所有的人中间流传着。”（见李曼斯的著作，1835）

因此，单性秃鹫的寓言和它们的概念模式就像圣甲虫的类似传说一样，远非不重要的轶事；教会的神父们利用这个取自自然历史的证据作为为他们服务的工具，来对付那些怀

---

① 参见蒙茨的著作（1899）。
② 参见蒙茨的著作（1899）。

疑《圣经》中记载的历史的人。 如果在关于古代最好的一些记载中有秃鹫靠风受孕的描述，那么，为什么同样的事情在某种场合不能发生在女人身上呢？ 既然秃鹫的寓言能够成为"几乎所有的"教会的神父们经常挂在嘴边上的事，那么，我们就很难怀疑列奥纳多也知道这则寓言，因为这则寓言受到了如此广泛的庇护和偏爱。

现在，我们可以重新构思列奥纳多关于秃鹫幻想的起源了。 他曾经碰巧在一位神父那里或在一本自然历史的著作里获悉所有的秃鹫都是雌性的，它们的繁殖行为一点也不需要雄性的帮助。 在这一点上，某一个记忆跃入了他的脑海，而这个记忆就被改变成为我们在讨论的这种幻想了，但是这个幻想意味着他也是这样一个小秃鹫——他有过母亲，但是没有父亲。 记忆与这一点联在一起了，与如此重要的年代的印象——他在他母亲胸脯上吸乳时的欢乐的回声——在唯一可以表达出来的一种方法中联在一起了。 教会的神父们所提到的圣母和她的孩子的思想——所有艺术家都珍爱的思想——一定促使他更加感到这个幻想的珍贵和重要。确实，在这种方法中他可以把自己与小基督视为一体，不仅仅是这一个女人的安慰者和救助者。

我们分析一个童年幻想的目的是要把它所包含的真正记忆与后来修饰、歪曲它的动机分开。 在列奥纳多的情况中，我们相信我们得悉了幻想的真正内容：秃鹫对母亲的代替表明孩子知道他缺少父亲，只有他和他的母亲相依为命。列奥纳多作为私生子的事实与他的秃鹫幻想是一致的；只是由于这个原因，他才能把自己比作一个秃鹫的孩子。我们知道的关于他童年时代的另一个可靠事实是，在他五岁的时候，他被父亲的家庭收养了。我们不知道这是在什么时候发生的——到底是在他出生后几个月呢，还是在土地登记簿注册之前几个星期呢？正是在这里，秃鹫幻想的解释起了作用：它好像告诉我们，列奥纳多一生中关键的头几年不是在他父亲和继母身边度过的，而是和他可怜的、被遗弃的亲生母亲在一起，所以他才有一段时间感受到他父亲的缺乏。这似乎是经过我们的精神分析的努力而获得的一个不充分的、还有些大胆的结论，但随着我们的研究的深入，它的意义将会增加。当我们考虑到列奥纳多的童年时期的情形确实对他起了作用，这个结论的确实性就会得到加强。原始资料告诉我们，在列奥纳多诞生的那年，他的父亲塞尔·皮耶罗·达·芬奇与唐娜·阿尔贝拉结婚了，继母是一位出身高贵的小姐；因为他们婚后没有孩子，所以这孩子被他父亲的（毋宁说是他祖母的）家庭领养了——正如文件证实的那样，这件事情发生在他五岁的那一年。在婚后不久就让一个年轻的新娘——她自己还希望有福气生儿育女呢——来照顾一个私生子，这种事是很少见的。在决定领养私生子之前，他们肯定度过了一段失望的岁月，这个私生子可能已长成一个挺讨人喜欢的小男孩了，这对期望中的合法的孩子的空缺也是一个补偿吧。 如果在他能把他生母孤零零的一个人换成一对父母之前至少过去了三年，也许是五年，那么这个结论与秃鹫幻想的解释就最合拍不过了。 可那时已太晚了。 在生命的最初三四年里，一些印象逐渐固定了，对外部世界的反应方式建立起来了，以后的经验永远也不会剥夺它们的重要性。

如果一个人童年时代的难以理解的记忆和建立在这些记忆上的幻想真的始终强调了他精神发展中的最重要的成分，那么，秃鹫幻想进一步证实的这个事实——即列奥纳多生命的头几年是和他的生母一起度过的——就会在他的内心生活的形成中具有决定性的影响。 这一事态的不可避免的结果是，这个孩子——在早年生活中他比其他孩子多面临了一个问题——开始怀着特别强烈的感情来沉思这个谜，这样，在他弱小的时候就成了一个探索者，他苦苦思索着，被婴儿们来自何处、父亲为他们的出生做了些什么——这样的重大问题折磨着。[①] 这是一个含糊的猜测：他的探索和他童年时代的历史之间的这种联系后来促使他声称，因为他在摇篮中的时候就有秃鹫来访，他注定了从一开始就要对鸟儿飞翔的问题进行研究。 这样，下面要阐明他对于鸟儿飞翔的

[①] 参见弗洛伊德《儿童性理论》(1908)。

好奇心如何来自他童年时代关于性的思考，就没有什么困难了。

三

在列奥纳多童年时代的幻想中，我们取秃鹫这一因素来代表他的记忆的真正内容，而列奥纳多的幻想所处的背景清楚地告诉了我们这个内容对他以后生活的重要性。 在进行我们的解释工作的过程中，我们遇到了一个奇怪的问题：为什么这个内容被重新安排在一种同性恋的情形中？ 哺育了孩子的母亲——或更确切地说，用乳房喂养孩子的母亲变成了把尾巴塞进孩子嘴里的秃鹫。 我们已经说了，按照语言运用代替物的一般方式，秃鹫的尾巴（"coda"）只可能意味着男性生殖器——阴茎。 但是我们不明白想象活动如何成功地把男性的明显特征明确地赋予了作为母亲的鸟，由于这个荒诞性，我们竟不知如何才能指出列奥纳多的幻想创造有什么理性的意义。

但是，当我们考虑到一些显然是荒谬的、在过去我们不得不放弃深究其中意义的梦，我们就不应该失望了。 为什么童年记忆比梦给我们带来的困难更多呢，这里有什么原因吗？

记着当一个单独的特性被发现时，情况不能令人满意，那么让我们马上给它加上另一个特性，一个更令人吃惊的特性。①

长着秃鹫头的埃及女神穆特——根据罗斯彻的词典中德雷克斯勒所写的条目，她是一个没有任何个人特征的形象——经常与另外一些有强烈个人特征的女神，像生育女神（Isis）和爱神（Hathor）混合在一起出现，但同时她又保留着她存在的独立性和自己的崇拜者。埃及众神的特性是个别的神并不消失在结合的过程中。在众神融合的同时，个别的神继续独立存在。这位长着秃鹫头的女神经常被埃及人用男性生殖器的形象来代表；②她的身体是女性的，有乳房作为表征，但是还有一个勃起的男性生殖器。

在女神穆特身上，我们发现了就像在列奥纳多的秃鹫幻想中一样的女性特征和男性特征的结合，我们是不是能假设列奥纳多读了这本书后知道了雌秃鹫的两性同体的性质，借此来解释这个巧合呢？这样一个可能性很成问题；他所能接触到的书籍来源似乎包含有关这个惊人特征的知识。把这个巧合上溯到在两种情况（即女神穆特与雌秃鹫的两性同体）中都起了作用却还不为我们所知的一个共同因素，这似乎更可信一些。

神话能够告诉我们，一种两性同体的结构——一种男性

---

① 参见《梦的解析》(1900)中弗洛伊德的某些类似的论述。
② 见兰佐尼(1882)书中的图解，图136—138。

特征和女性特征的结合——不仅仅是穆特的特征，而且也是像生育女神和爱神等其他神的特征，尽管这或许只就他们也有母性本质并能与穆特结合在一起而言。 神话进一步告诉我们，另一些埃及神，如赛斯城的妮特女神——希腊的雅典娜就是从她衍生的——最初也被想象为两性同体，即两性人；神话还告诉我们，还有许多希腊神也是这样，特别是那些与狄俄尼索斯有联系的神，阿芙罗狄蒂也是如此，但是她后来受到了限制，只担任一位女性的爱情女神的角色。 神话也许还能提供说明：把男性生殖器加在女性的身体上是想要表明自然的最初的创造力，所有这些两性同体的神都表明了这样一个思想，即只有男女性成分的结合才能赋予神的完美以一个有价值的表现。 但是，这些考虑中没有一个向我们解释了那个令人迷惑的心理事实，即人类的想象力毫不犹豫地给一个想体现母亲本质的形象，加上了男性能力的标志，而这种标志与母性所有的成分是相对立的。

　　婴儿性理论提供了解释。 曾经有一个时期，那时男性生殖器被认为是与母亲的形象和谐共存的。[①] 当男孩子第一次把好奇心转向性生活这个谜时，他便被他对自己的生殖器的兴趣所控制了。 他发现他身体上这一部分对他来说是太有价值、太重要了，他无法相信在其他那些他感到如此相像

────────────────

　　① 参见弗洛伊德《儿童性理论》(1908)。

的人们身上会缺少这一个部分。 由于他无法猜想还有另一种同等价值的生殖器组织时，他就不得不作出假设，认为所有的人，男女一样，都有一个像他自己一样的阴茎。 这个先入之见在这个少年探索者心中深深地扎了根，甚至当他第一次发现小女孩的生殖器时，这种想法仍未受到破坏。 他的感觉告诉他，有个与他身上不一样的东西，这是真的，但他还是不能向自己承认，他感觉的内容是在女孩子身上他不能发现阴茎。 居然少掉了阴茎，这样一个神秘的、不可忍受的思想使他受到震动。 于是，为了达到妥协，他得出一个结论：小女孩也有阴茎，只是它还很小，以后会长大的。[①] 如果他从以后的观察中发现这个期望没有实现，他还会安排另一个补救的办法：小女孩也有阴茎，但是被割掉了，在那里留下了一处伤痕。 这个理论的发展利用了一种令人苦恼的个人经验；因为在此期间，小男孩已经听到过恐吓，如果他对他的那个如此可爱的器官表现了太明显的兴趣，它就会被取走。 在这种阉割恐吓的影响下，他开始用新的眼光看待他得到的有关女性生殖器的见解。 从今以后，他会为他的男性生殖器而担忧，但是同时，他会鄙视那

---

① 参见《精神分析学和精神病理学研究年鉴》中的意见（即弗洛伊德 1909 年对"小汉斯"的分析）。还可参见荣格 1910 年的著作。——（作者 1919 年增加的注释;)并可参见在《国际精神分析医疗杂志》中和在《意象》中的意见（关于儿童的一章）。

些不幸的造物，如他所想象的那样，残酷的惩罚已经落到了他（她）们的头上。①

在孩子还没受阉割情结的控制之前——当他还认为女人拥有全部价值的时候——开始他表现出强烈的观望欲，这是一种性本能的活动。他想看其他人的生殖器，最初很可能是把它们来和自己的相比较。来自母亲的性吸引力很快在对她的生殖器官的渴望中达到顶峰，他以为那生殖器是阴茎。直到后来他才发现女人没有阴茎，渴望常常转向它的反面，让位给厌恶感，这种厌恶感在青春期会变成精神衰弱、厌女症和持久的同性恋的原因。但是，在对象——他曾经强烈渴望着的女人的阴茎——上的固恋在孩子的精神生活中留下了不可磨灭的痕迹，于是这孩子会非常彻底地继续进行他这一部分婴儿性探索。对女人的脚和鞋的盲目崇拜显示出他把脚仅仅是作为他曾经崇拜过、以后又消失了的女人的阴茎的代替性象征；不理解下面这一点：喜欢剪女性发型的性反常者担任了想象中对女性生殖器实行阉割行为的人的角色。

---

① （作者1919年增加的注释：）在我看来，这个结论是不可避免的：这里我们也可以追溯反犹太主义的一个根源，反犹太主义具有如此强大的自然力，在西方国家中能找到如此荒谬的表现方式。包皮环割术无意识地与阉割等同。如果我们敢于把我们的推测放到人类的早期，我们就能推断出原来的包皮环割术一定是一种宽大的代替，为取代阉割而设计。（关于这一点的进一步讨论可以在"小汉斯"分析的注释中找到［1909］，在《摩西与一神教》［1939］的第三章第一部分的第四节中也可以找到。）

只要人们坚持我们人类开始文明起来时候的那种态度，贬低生殖器和性的功能，他们就不会恰当地理解儿童性欲的活动，也许还会声称这里所讲的是令人难以置信的，这样来躲进"避难所"。要想理解儿童的精神生活，我们需要来自原始时期的类比。经过了漫长的一代代，生殖器被我们看作了"阴部"、羞耻的东西，甚至（作为进一步成功的性压抑的结果）令人厌恶的东西。如果一个人对我们的时代的性生活，特别是对那些代表了人类文明的阶层的性生活进行广泛的调查，他不得不声明，[①]只是由于迫不得已，在今天大多数活着的人才服从了繁殖后代的命令；他们感到他们作为人的尊严在这个过程中经受了磨难，遭到了贬低。在我们中间能够发现的另一种关于性生活的观点，只为社会的粗野低下的阶层所持有；在高雅的上流社会，这种观点隐藏起来了，因为它被认为是文化教养低下的表现，只是昧着良心，人们才能冒险去过性生活。在人类的原始时期，情况就完全不同了。文化学者的辛勤编辑提供了有说服力的证据，生殖器起先是生命的自豪和希望，它们被崇拜为神，它们把它们功能的神性传导给所有开始掌握知识的人类的活动。作为它们本性的升华结果，涌现出无数个神祇；在官方的宗教和性活动之间的联系已从普遍的意识中隐退了的时

[①] 这些字句是作者 1919 年增加的。

候，秘密的崇拜者们作出极大的努力，使这一联系在许多开始掌握知识的人中继续存在下去。 在文化发展的过程中，这许多神圣的东西最终从性欲中被抽了出来，于是被抽空了的残余物陷入了羞辱中。 但是，由于不可磨灭的是所有精神痕迹的特性，甚至生殖器崇拜的最原始的形式就是在最近的时代中仍存在着，并且在人类今天的语言、习惯和迷信中还保留了这个发展过程中的各个阶段的残存物，也就不足为奇了。[1]

来自生物学的令人难忘的类似情形，促使我们发现个人精神发展是以简略的形式重复了人类发展的过程；因此，对儿童心理的精神分析研究得出的关于高度重视婴儿生殖器的结论不会使我们感到是一点也不可能的事。 孩子关于他母亲有阴茎的假设，也就是像埃及的穆特那样的两性同体形式的女神和列奥纳多童年幻想中秃鹫的"尾巴"的共同来源。如果认为，我们把这些神的代表描绘成两性人，是在这个词的医学的意义上，这在事实上是一个误解。 他们中没有一个具有真正结合的两性生殖器——羞于见人的这个结合被畸形地表现出来了；发生的所有情况都是男性生殖器官被添加在作为母亲标志的乳房上，就像儿童关于他母亲身体的第一个想法中的情况一样。 母亲身体的这个形式——原始幻想

---

[1] 参见奈特的著作(1768)。

的崇高创造物——在神话中为信徒们保存下来。 现在，对我们强调列奥纳多幻想中秃鹫的尾巴这一做法我们能够作出如下解释："这是因为列奥纳多的多情的好奇心针对他的母亲，那时，他还相信她有一个像他的阴茎一样的生殖器官。"这是列奥纳多早期性研究的最明显的迹象，按照我们的看法，它对他以后的全部生活都有着决定性的影响。

在这一点上，我们稍微想一想就会明白，我们还不应该对列奥纳多童年幻想中秃鹫尾巴的那种解释感到满足。 其中似乎还有更多我们尚不理解的东西。 毕竟，其中最惊人的特征是把在母亲胸脯上的吮吸改成了被母亲哺育，那就是说，改成了被动的形式，这样，也就进入一种在本质上毫无疑问地是同性恋的状况。 当我们想起历史上的列奥纳多，他很可能是在自己的一生中像一个感情上的同性恋者一样行事，我们就会面临一个问题：这个幻想是否指明在列奥纳多童年与母亲的关系和他以后显示出的——纵然是理想的（被升华了的）——同性恋之间存在着因果关系。 如果我们没有通过对同性恋患者的精神分析研究懂得这样一个关系确实存在，并且在实际上是一个本质的和必然的关系，我们就不应该从列奥纳多被歪曲的记忆中冒昧推断出这样一种关系。

同性恋的男人们——在我们这个时代，他们激烈地反对法律强加于他们性行为上的限制——喜欢通过他们的理论发言人，把他们自己描绘成从一开始就是一种独特的性类型，一个中间的性阶层，一个"第三性别"。他们声称，他们是一些天生为器官所决定，不得不在男人身上寻求快乐，而被禁止在女人身上获得快乐的人。不管人们多么愿意以人性为理由，赞成他们的声明，还是必须对他们的理论采取保留态度，因为他们提出的理论没有考虑到同性恋的精神起源。精神分析提供了填补这个空白的方法和检验同性恋者的声明的方法。这个工作只在一小部分人的情况中获得了成功，但是迄今为止所进行的所有调查研究产生了同样的惊人结果。① 在我们的所有男性同性恋者的情况中，在童年的第一个阶段，患者都对一个女人——一般是他们的母亲——有着强烈的性依恋（这段经历后来是被遗忘了）；这种依恋在童年期间由母亲太多的温情所唤起或所激励，又进一步被父亲较小的作用所加强。塞德格强调了一个事实，他治疗的同性恋患者的母亲经常是具有男子气的女人，她们具有强有力的性格特征，能够排斥他们的父亲。我偶然也见到过这类事情。但是我对另一种情况有更强烈的印象：父亲一开始就不在，或者很早就离开了，因此，小男孩发现自己完全是在女性的影响之下。确实，似乎一个强有力的父亲的存在

---

① 我特别提到塞德格的调查研究，根据我个人的经验，我大体上能证实这个调查研究。我也知道维也纳的威廉·斯特克和布达佩斯的桑德尔·费伦茨得到了同样的结果。

能够保证儿子在选择对象——即某一个异性的对象——时作出正确的决定。①

　　经过这个初步的性研究阶段，一个转化开始了，转化的过程我是知道的，但它的动力我们还不了解。孩子对母亲的爱，在意识中不能再向前发展下去了，它屈服于压抑。孩子压抑了对他母亲的爱；他把自己放在她的位置上，使自己与母亲同化，以他自己为模特儿，根据他的相似性来选择他的爱的新对象。这样，他就成了一个同性恋者。实际上他所做的是悄悄返回到自恋；因为当他长大成人，他所爱的那些男孩总归是作为他儿童时代的代替性形象和再生——他爱这些孩子的方法正是他小的时候他母亲爱他的方法。正如我们所说，他沿着自恋的途径找到了他爱的对象；因为根据希腊传说，那喀索斯（希腊神话中一个自恋的青年人的名字）是一位宁愿喜欢自己的倒影也不喜欢任何东西的青年，

————————

① （作者1919年增加的注释:）精神分析的研究提出的两个事实毫无疑问有助于对同性恋的理解,同时,不必假设精神分析的研究详尽无遗地讨论了这种性变态的原因。第一个事实是前面提到过的对母亲性需求的固恋;第二个事实包含在这个叙述中,即每一个人,甚至最正常的人也能进行同性恋对象选择,在他生活中的某些时候,他这样做了,或者在他的无意识中仍旧坚持这个选择,或者用强有力的相反态度防止它。这两个发现废除了把同性恋者看作"第三性别"的主张,废除了人们所相信的在天生的同性恋与后天的同性恋之间的重要区别。第三性别(受身体的两性同体所决定)的特征十分有助于同性恋的对象选择,但并不起决定作用。只好遗憾地声明,那些在科学的领域里为同性恋者说话的人,不能从已确立的精神分析学的发现中学到任何东西。

他后来变成了可爱的水仙花。[①]

更深一层的心理学上的考虑证明了这一点：通过这条途径而成为同性恋者的男人，保留了对记忆中母亲形象的无意识固恋。通过压抑他对母亲的爱，他在无意识中保留了这种爱，并从此之后保持着对她的忠诚。他仿佛追求着男孩，成为他们的对象，但他实际上是在逃避其他女人，这些女人能使他不忠诚。在个别的情况中，直接的观察也能使我们看到，那种显得对男人的魅力敏感的人，实际上和一个正常的人一样会被女人所吸引；但是在每一次，他都立即把从女人身上得到的刺激转移到一个男性对象上，他以这样的方式一次又一次地重复着一个机制——他依靠这个机制才获得了同性恋。

我们决不是要夸大关于同性恋精神起源的这些解释的重要性。很明显，它们与为同性恋者讲话的人的正式理论是大相径庭的；但是我们知道，这些解释还不是面面俱到，不能对这个问题作出结论性的说明。因为某些实际的原因，称为同性恋的事例可以发生于各种各样的性心理抑制过程；我们选出的这个特殊过程也许只是许多过程中的一个，

---

① 只是在写这篇文章的几个月之前弗洛伊德第一次发表了对自恋的参考意见，见他的《关于性欲理论的三篇论文》(1905)第二版(1910)中增加的注释。在 1909 年 11 月 10 日的维也纳精神分析学会议上，他提到了这个概念。对这一题目的完整的论述，在《论自恋：导论》(1914)中。

也许只与一种类型的"同性恋"有关。 我们还必须承认，我们选择的这种类型的同性恋——能够显示出我们所需要的决定因素——在数量上大大超过我们所预测的同性恋的数量；所以我们也不能无视未知的因素所起的作用，同性恋作为一种整体现象常常得归结到这些未知的因素。 我们如果没有有力的证据证明列奥纳多——他的秃鹫幻想是我们的出发点——本人是这种类型的同性恋者，那么，我们就不能有任何理由来讨论我们所研究的同性恋形式的精神起源。[①]

关于这位伟大的艺术家和科学家的性行为的细节，我们所知甚少，但我们可以相信他的同时代人的说法不会有大错。 根据这些传说，他是一个性需求和性活动异常退化的人，好像一种更远大的抱负使他超越了人类普遍的动物性需要。 他是否追求过直接的性满足也是可以怀疑的。 如果有过追求，那又是什么样的呢？ 或者，他是否根本不需要性满足呢？ 但不管怎样，我们也要在他身上寻找一种使其他男人急切地进行性行为的情感趋势，这样做是有道理的；因为我们不能想象任何人的精神生活在最广泛的意义上的性欲望——里比多——的形成中没有一份欲望，哪怕这种欲望是

---

① 对同性恋及其起源的更全面的讨论可以在《关于性欲理论的三篇论文》(1905)的第一篇中找到，请特别注意 1910—1920 年间增加的较长的注释。以后，在关于这个题目的另外一些探讨中，可能提到了一个女同性恋者的病史(1920)和《嫉妒、妄想狂及同性恋之某些心理症机制》(1922)。

远远背离了它的原始目标，或者抑止住了不让自己付诸实践。

我们不能期望在列奥纳多身上发现比不变的性倾向痕迹更多的东西。但是这些痕迹指的是一个方向，而且使他可以被人看作一个同性恋者。人们一直强调他只收一些十分俊美的男孩子或青年做学生。他慈祥又体贴地对待他们，照顾他们，一旦他们生病便像母亲看护自己的孩子一样亲自看护他们，正像他的母亲照料他那样。由于他选择他们是因为他们的俊美，并不是因为他们的才能，他们——切萨雷·达·塞斯托、伯特拉菲奥、安德烈亚·萨雷诺、弗朗切斯科·梅尔奇——没有一个成为重要的画家。一般说来，他们不能离开导师自立，他死了以后，他们也就销声匿迹了，没有在艺术史上留下一点儿明显的痕迹。而其他一些人，因为他们的作品使他们能被称为列奥纳多的学生，像鲁尼和巴齐（人们称巴齐为索多马），他倒很可能并不了解他们。

我们知道我们会遇到反对意见，人们会说列奥纳多对他的学生的行为与性动机没有一点儿关系，不能从中得出关于他特殊的性倾向的结论。为了反对这种观点，我们愿意谨慎地提出，我们的观点解释了艺术家行为的某些特征，否则它们将永远是个谜。列奥纳多有记日记的习惯；他用手写体（从右向左）写，这种写法只对他自己具有意义。值得注意的是他以第二人称记的日记。"你从卢卡师傅那里学习根的增值。""请阿尔巴柯师傅告诉你圆如何变方。"或者在旅途中:"我要去米兰办一些有关我的花园的事情……准备两只行李箱。请伯特拉菲奥告诉你车床的事,并请他磨光一块宝石。把这本书留给安德烈亚·伊尔·托德斯柯师傅。"(以上"日记",均见索尔米的著作,1908)[①] 或者在作一个非常重要的决定时也这样写:"你必须在你的论文中表明地球是一颗星,就像月亮或与月亮类似的东西,这样来证明我们世界的崇高。"(见赫茨菲尔德的著作,1906)

附带说一下,在他的日记中——像其他一般人的日记一样——经常用几个字就把当天最重要的事件交待过去,或者对这些事件只字不提。有些账目由于奇怪,被所有列奥纳多的传记作家引用了。它们记下了艺术家花费的一笔笔小的数目——相当精细的笔记,仿佛是一位爱卖弄严谨又器量狭小的管家记下来似的。另一方面,没有关于花费大笔钱财的记录,也没有艺术家在家时每天记账的任何证据。记录中的一项与他为他学生安德烈亚·萨雷诺买的新斗篷有关:[②]

---

① 列奥纳多在这里的行为很像某些人,他们习惯于每天向另一个人忏悔,列奥纳多用他的日记做另一个人的替身。关于这个人可能是谁的推测,见梅列日科夫斯基的著作(1903)。

② 见梅列日科夫斯基的著作(1903)。

银丝锦缎	15 里拉 4 索多
镶边用的深红丝绒	9 里拉
镶边	9 索多
钮扣	12 索多

另一个特别详细的记录是他把他为另一个学生①的坏性格和偷窃习惯而付出的所有花费全写下来了：1490 年 4 月 21 日，我开始写这本书并重新开始制作马的雕像。② 1490 年的圣玛丽从良节，杰柯莫来到我这儿，他只有十岁。（边上的注释："惯偷、虚伪、自私、贪婪。"）"第二天我为他购置了 2 件衬衣、1 条裤子和 1 件夹克，当我准备付款的时候，他从我的钱包里把钱偷走了，虽然我可以完全肯定是他偷的，但要他承认，这是永远也不可能的。"（边上的注释："4 里拉……"）关于孩子的不端行为的叙述是这样的喋喋不休，最后以结账为结尾："在第一年，1 件斗篷，2 里拉；6 件衬衣，4 里拉；3 件夹克，6 里拉；4 双长袜，7 里拉；等等。"③

列奥纳多的传记作家们根本就没想过要从他的小小的弱点和怪癖出发去解释他精神生活中的问题；他们对这些奇怪的账目所作的一般评论，总是把重点放在艺术家对他的学

---

① 或模特儿。
② 为弗朗切斯科·斯福尔扎制作的骑马雕像。
③ 见赫茨菲尔德的著作（1906）。

生的仁慈和体贴上。 他们忘记了需要解释的不是列奥纳多的行为，而是他把这些行为的证据留了下来这一事实。 由于不可能相信他的动机是要让他善良本质的证据能传到我们手中，我们必须假设存在着另一个动机，一个感情上的动机，使他写下了这些笔记。 很难猜测是个什么动机，如果我们没有在列奥纳多的文件中发现另一笔账目——它使得关于那个学生的衣服等的相当微不足道的笔记有了清晰的意义——我们决不会想起他会有这个动机：

卡泰丽娜死后的安葬费	27 弗罗林
2 磅蜡	18 弗罗林
运输和竖十字架	12 弗罗林
灵车	4 弗罗林
抬棺材的人	8 弗罗林
4 个神父和 4 个办事员	20 弗罗林
敲钟	2 弗罗林
掘墓人	16 弗罗林
许可证——给官方	1 弗罗林

小计：108 弗罗林

前次花费

医生	4 弗罗林
糖和蜡烛	12 弗罗林

小计：16 弗罗林

全部花费：124 弗罗林①

只有小说家梅列日科夫斯基会告诉我们卡泰丽娜是谁。他根据列奥纳多的另外两段很短的笔记，②他断定她是列奥纳多的母亲——芬奇地区可怜的农村妇女——她在 1493 年到米兰来看望她的儿子。当时她 41 岁；她在这里得了病，被列奥纳多送进医院，她死后，他用这样豪华的葬礼向她表示了敬意。

这位心理小说家的这个解释无法证实，但是它所具有的许多内在的可能性，又与我们从其他方面知道的所有列奥纳多的感情活动是那么协调一致，因此我不能不把它作为正确的判断来加以接受。列奥纳多成功地使他的感情听从于研究的支配，他成功地抑制了感情的自由表达。但是即使对他来说，被压抑的欲望偶然地也会获得强有力的表达。对

---

① 见梅列日科夫斯基的著作(1903)。——令人伤脑筋的是关于列奥纳多私生活的消息在任何情况中都是不充分的，我可以提出一个事例，即索尔米引用了同一个账目(1908)，但是有了相当大的变动。最重大的一个情况是用索多代替了弗罗林。可以设想这个账目中的弗罗林并不是旧的"金弗罗林"，而是后来使用的货币单位，值 $1\frac{2}{3}$ 里拉或 $33\frac{1}{3}$ 索多。索尔米还把卡泰丽娜说成是一个曾经为列奥纳多照料家务的用人。对这些描述的这两种不同看法的来源是我不能理解的。（事实上弗洛伊德自己的著作的不同版本在某种程度上也对数字作了改动。灵车的费用在 1910 年是"12"，在 1919 年和 1923 年是"19"，1925 年以后是"14"。1925 年以前，运输和竖十字架的费用是"4"。全部原文[意大利文]和英译文见里希特的著作[1939]。）

② "卡泰丽娜于 1493 年 7 月 16 日到达。""吉奥范妮娜——她有一张惊人美丽的面孔——拜访了医院中的卡泰丽娜并问了一些事情。"

他如此热爱的母亲的死作出的反应就是一次。 在我们面前的账目中的葬礼费用就是一次对母亲的哀悼的表达——尽管这种表达被扭曲得认不出来了。 我们不明白这样的扭曲是如何发生的——如果我们把它当作正常的心理过程，我们确实不能理解。 但是，在神经官能症的反常情况中，特别是在众所周知的"强迫性神经症"①中，有着这种相同的过程，这是我们所熟知的。 那里，我们可以看到强烈感情——通过压抑，强烈感情成了无意识——如何转移到细小的甚至是愚蠢的行为中去。 这些受到压抑的感情的表达被压抑力降低到这样一个程度，即一个人不得不过低估计它们的强度；但是这个细小的表现行为仍旧以急切的强制，表达了真正的冲动力量——这种力量扎根于无意识，而意识却竭力加以否认。 只有像这样一个与"强迫性神经症"所带来的情况作的比较，才能说明列奥纳多为他母亲的葬礼开列的账目是怎么一回事。 在他的无意识中，他仍然被具有性色彩的感情拴在她身上，就像他在童年时的情况一样。 来自后来对童年时代的爱的压抑不允许他在日记中对她有不同的、更有价值的纪念。 但是，作为从这种神经性冲突的妥协中出现的一切却不得不被履行；这样，账目就记在了日记

①　强迫性神经症又名神经衰弱，患者会不由自主地反复去说或做一些自己知道毫无意义的事，如硬要压制这样的行为，就会极其苦恼。这种症状的起因一般是强刺激在大脑皮层中造成的病灶痕迹。——译者

上，成为后人的知识所难以理解的东西保留了下来。

我们从葬礼账目中所获悉的一切运用到为学生们的花费的计算上，似乎并不算太过分。它们是列奥纳多里比多冲动的少量残余以强迫的方式和歪曲的形式寻求表达的另一些例子。按这个观点，他的母亲和他的学生，与自己男子气的俊美相似者，就成了他的性对象——我们根据控制了他的性格的性压抑才这样说——那种过分详细地记下他花在他们身上的钱财的数字以奇特的方式流露了他的对抗心理。这一点显示出列奥纳多的性生活真正属于同性恋的类型，我们已经成功地揭示了这种人的精神发展，在他的秃鹫幻想中出现的同性恋情境对于我们也不难理解了：因为它的意义正属于我们已经说到的那种类型的意义。我们应该对此作这样解释："正是通过与我母亲的性关系，我成了一个同性恋者。"①

四

我们还没有探讨完毕列奥纳多的秃鹫幻想。列奥纳多

---

① 在这些表达方式中，列奥纳多被压抑的里比多得到了表现——讲究仪式和为钱操心犯愁——这些表达方式都属于肛欲时期形成的性格特征。见我的《性格与肛欲》(1908)。(肛欲：弗洛伊德认为儿童从一岁半到三岁，属于肛欲时期，在这一时期，儿童通过排泄大小便体验到快感。——译者)

用使人太清楚地想起对性行为的描述的词汇（"它的尾巴一次次地撞我的嘴唇"），强调了母子之间性关系的强度。通过他母亲的（秃鹫的）行为和突出的嘴的区域的联系，我们不难猜到幻想中还包含着第二个记忆。可以这样来解释这个记忆："我母亲把无数热烈的吻印在我的嘴上。"这个幻想是受母亲哺育的记忆和被母亲亲吻的记忆混合而成的。

仁慈的自然施与艺术家能力，使他能通过他创造的作品来表达他最秘密的精神冲动，这些冲动甚至对他本人也是隐藏着的。这些作品强烈地打动了对艺术家完全是陌生的人们，他们自己也不知道自己的感情来源。难道列奥纳多一生的作品中没有一件可以证明他记忆中保留的正是童年时期最强烈的印象？人们当然希望可以找到一些东西。如果人们考虑到一些意义深远的转变——一位艺术家生活中的印象必须通过这些转变才能够对艺术创作有所贡献——那么，他们准会十分谦虚地断言他们的演绎的肯定性，在列奥纳多的例子中特别如此。

任何一位想到列奥纳多油画的人都会想到一个独特的微笑，一个既使人迷醉又使人迷惑的微笑，他把这样一个微笑画在他的女性形象的嘴唇上。这是一个在长长弯弯的嘴唇上不变的微笑，成了他的风格的一个标志，还专门被称作

"列奥纳多式的"。① 无论谁看了佛罗伦萨人蒙娜丽莎·德·乔康达的美丽非凡的面孔都会感受到最强烈、最迷乱的效果（见附图一）。 这微笑需要解释，也得到了多种多样的解释，但其中没有一个令人满意。"几乎经过了四个世纪，蒙娜丽莎依然使那些长久地注视过她的人谈论着她，莫衷一是。"

穆瑟写道（1909）："特别使观众着迷的是微笑的非凡魔力。 数以百计的诗人和作家描写了这个女人，一会儿她那么富有诱惑力地对我们微笑，一会儿她又冷冷地、无心地凝视着空间。 没有一个人解答了她的微笑之谜，没有一个人理解了她的思想的意义。 每一件东西，甚至风景，都神秘似梦，在一种狂暴的肉欲中颤抖。"

蒙娜丽莎的微笑中结合着两种不同的因素，这一思想打动了好些批评家。 因此，他们在美丽的佛罗伦萨人的表情中发现了那种支配着女性性生活的冲突的最完美的表现——冲突在于节制和诱惑之间，在于最诚挚的温情与最无情地贪婪的情欲（贪婪地要毁灭男人，似乎他们是具有敌意的存在）之间。 下面是蒙茨的观点（1899）："我们知道，将近四个世纪，蒙娜丽莎·乔康达在拥挤在她面前的赞美者们的心目

---

① （作者1919年增加的注释:）艺术鉴赏家在这里会想到古希腊雕像中独特的不变的微笑——例如，埃癸娜雕像;他也许还会在列奥纳多的老师韦罗基奥的画像中发现某些类似的东西,因此,在接受随之而来的争议时有些疑虑。

附图一　蒙娜丽莎

中一直是个迷人的不解之谜。 没有一位艺术家（这里，我引用一位敏感的作家的话，他使用的笔名是皮埃尔·德·科莱）曾经如此完美地表达了女性的本质：温情和媚态，端庄和秘密的感官快乐，那所有的神秘性，孤零零的心，沉思的大脑，一种克己的、只表露了喜悦神情的个性。"意大利作家安杰罗·孔蒂看到卢浮宫里的这幅画在一束阳光下更充满了生气(1910):"这位夫人在庄严的宁静中微笑着,她的征服的本能、邪恶的本能、女性的种种遗传、诱惑和俘获其他人的意志、欺骗的魅力、隐藏着残酷目的的仁慈——所有这些依次隐现于微笑的面纱的后面,埋藏在她诗一般的微笑中……好的和坏的,残忍的和同情的,优美的和奸诈的,她笑着……"

列奥纳多用了四年的时间来画这幅画,也许是从1503年到1507年,那是他在佛罗伦萨居住的第二个时期,当时他五十多岁了。据瓦萨里的说法,他用了精心设计的办法来使夫人高高兴兴地坐着,使夫人的脸上保持那著名的微笑。在这幅画的目前状态中,他当时用画笔在画布上再现的所有微妙细节已丧失殆尽。当画尚在绘制进行中的时候,它就被认为是达到了艺术的最高峰,但是,列奥纳多本人无疑对它是不满意的,他声称这画尚未完成,没把它送到委托制作者的手里,反而把它随身带到了法国。在法国,他的保护人弗兰西斯一世从他那儿得到了这幅画,并把它送进了卢浮宫。

让我们离开蒙娜丽莎的面部表情这个尚未解答的谜,转而注意一个无可争辩的事实:她的微笑所展示的魅力对艺术家本人就像对以后四百年中看到它的所有的人一样强大。从那时起,这个迷人的微笑不断出现在他所有的画中,也出现在他的学生的作品中。既然列奥纳多的《蒙娜丽莎》是一幅肖像，我们就不能假设他因为个人原因而在她的脸上加上了这样一个富有表情的特征——一个她自己不具有的特征。因此，很难避免这个结论：他在他的模特儿脸上发现了这个微笑，被深深地迷住了，便又在这微笑上加上了他的幻想，而进行了自由创作。

这个不算牵强的解释曾被康斯坦丁诺娃提出过(1907)：

"在艺术家为蒙娜丽莎·德·乔康达画肖像所占去的长时间中，他研究了这位夫人脸部特征的微妙细节，他怀着如此强烈的同情感，把这些特征——特别是神秘的微笑和奇怪的凝视——移到他所有后来的绘画或素描的脸庞上去了。蒙娜丽莎特殊的面部表情甚至可以在卢浮宫中的一幅《施洗者圣约翰》的画中看到，尤其在《圣安妮、夫人和孩子》[①]中的玛丽的面部表情里可以清楚地认出。"

但这种情况也会以另一种方式产生。不止一个列奥纳多的传记作家感到了需要找到蒙娜丽莎微笑的魅力后面的更深一层的原因，因为这个魅力如此打动了艺术家，以至于他一生都受这微笑的影响。沃尔特·佩特在蒙娜丽莎的画像中看到一种"风采……表现了一千年来男人期望着的富于表情的风采"。他相当敏感地写下了："稍稍暗含了某种邪恶东西的深不可测的微笑进入了列奥纳多的所有作品。"当他

---

① 德文的题目是 Heilige Anna Selbdritt，字面上的意思是《圣安妮和另外两个人》。本文后面谈论了这幅画。

写了下面一段话时，他就把我们带向了另一条线索：

"另外，这幅画是一幅肖像。从列奥纳多童年时代起，我们就看到这个形象在他的梦的结构中轮廓鲜明了；要不是因为清楚的历史的证明，我们真会想象，这个形象就是他理想的夫人，最后被具体化和被看到了……"[①]

玛丽·赫茨菲尔德(1906)声称列奥纳多在蒙娜丽莎中遇到了他的自我，因此，他才能把他自己的大量本性画在肖像中，"她的特征在列奥纳多看来全在于神秘的移情"。毫无疑问，在玛丽·赫茨菲尔德的思想里有些东西是与沃尔特·佩特的观点很相似的。

让我们努力来厘清上述的一些解释。很可能是蒙娜丽莎的微笑迷住了列奥纳多，因为这个微笑唤醒了他心中长久以来休眠着的东西——很可能是旧日的记忆。这记忆一旦发生，就再不能被遗忘，因为它对他有着特别的重要性，他不得不时时给它以新的表现。佩特满怀信心地断言，从列奥纳多童年时代开始，我们就可以看到像蒙娜丽莎似的脸在他的梦的结构中轮廓鲜明了，这种断言似乎令人信服，并能作为可靠的依据。

瓦萨里提到，"微笑着的女人头"[②]形成了列奥纳多第一个艺术努力的主题。这一段话——因为它并不企图证明什

---

① 均见沃尔特·佩特的著作(1873)。

② 见斯柯纳米杰罗的著作(1900)。

么，因此是无可怀疑的。 关于这事，在柯恩的译文中可看到更为具体的说明（1843）："他（列奥纳多）在年轻时代泥塑了一些微笑着的女人头，这些头又用石膏复制了。 有些孩子的头漂亮得被他师傅当作了模特儿……"

这样，我们知道了他靠着塑造两类对象开始了艺术生涯，这不能不使我们想到从列奥纳多的秃鹫幻想分析中推论出来的两类性对象。 如果漂亮的孩子的头是童年时代他本人的再现，那么，微笑的女人便是他母亲卡泰丽娜的摹本，我们开始猜疑他母亲具有这种神秘微笑的可能性——他曾忘记了这种微笑，当他在佛罗伦萨的贵妇人脸上重又发现它时，他被深深地迷住了。[①]

列奥纳多的油画中，在绘制时间上距《蒙娜丽莎》最近的是被称作《圣安妮和另外两个人》的那幅画，即《圣安妮、夫人和孩子》。 画中列奥纳多式的微笑是最漂亮的，而且是清楚地画在两个女人的脸上。 无法知道列奥纳多是在画蒙娜丽莎之前多久或之后多久开始画这幅画的。 因为两幅作品的创作都延续了几年，我想，也许可以认为艺术家是同时创作它们的。 如果列奥纳多对蒙娜丽莎的特征的迷恋，强烈刺激了他从幻想中创造出圣安妮这一作品，那么我

[①] 梅列日科夫斯基作了同样的假想。但是他所假想的列奥纳多的童年历史在基本观点上与我们从秃鹫幻想中得出的结论不合。如果（如梅列日科夫斯基所主张的）这微笑是列奥纳多自己的，传说一般是不会不告诉我们这是一种巧合。

们就可以认可我们的预测了。 因为，如果蒙娜丽莎的微笑唤起了他心中对母亲的记忆，那么就很容易理解这微笑如何立即使他去进行创造，以表示对母亲的赞美，使他把他在贵妇人脸上看到的微笑放回到母亲的脸上。 因此，我们让我们的兴趣从蒙娜丽莎的肖像，转移到这另一幅画上——这幅画（见附图二）同样漂亮，今天也挂在卢浮宫里。

圣安妮，她的女儿和外孙是意大利绘画中极少处理过的主题。 不管怎么说，列奥纳多对它的处理相当不同于所有其他已知的形式。 穆瑟写道(1909)：

附图二

"有些艺术家，像汉斯·弗里斯，老霍尔拜因和吉罗拉莫·戴·利布里，他们让安妮坐在玛丽旁边，把孩子放在俩人之间。另外一些艺术家画出了真正的《圣安妮和另外两个人》，[①]像雅各布·柯内利斯在柏林的画中那样。换句话说，他们画成圣安妮抱着形象较小的玛丽，形象更小的小救世主坐在玛丽身上。在列奥纳多的画里，玛丽坐在她母亲的膝上，身体向前倾斜，两臂伸向男孩，男孩正在玩一只羊羔，好像对它有一点不太仁慈。外祖母坐着，一只胳膊露在外面，面带幸福的笑容向下望着另外两个人。当然，这个组合是受着某种限制的。但是，虽然这两个女人唇际的微笑显然与蒙娜丽莎画像上的微笑一样，却缺少了离奇和神秘的特性，它所表达的是内在的感情和平静的幸福。"[②]

　　当我们对这幅画作了一段时间的研究后，我们突然明白了只有列奥纳多能画出这幅画，就像只有他才能创造出秃鹫幻想一样。这幅画综合了他童年时代的历史，要考虑到列奥纳多生活中最亲切的印象，画的细节才能得到理解。在他父亲的家里，他发现不仅他仁慈的继母唐娜·阿尔贝拉，就连他的祖母——他父亲的母亲——蒙娜·露西亚也像一般

---

① 意为圣安妮是画中最杰出的人物。
② 康斯坦丁诺娃写道(1907)："玛丽向下望着她的宠儿,内心充满了感情,她面孔的微笑使人想起蒙娜丽莎的神秘表情。"在另一段里,她谈到玛丽:"蒙娜丽莎的微笑浮现在她的脸上。"

的祖母那样，温情地对待他（我们这样假设）。这些情况很能启发他创作一幅表现在母亲和外祖母照顾下的童年生活的画。这幅画的另一个显著特征有着更重大的意义。圣安妮——玛丽的母亲，孩子的外祖母——一定是一位主妇，在画中她也许被塑造得比圣母马利亚更成熟、更严肃一些，但是她又被塑造成一个容貌不减当年的年轻女人。在事实上，列奥纳多给了孩子两个母亲，一个向他伸出双臂，另一个处在背景的位置上；两个人都被赋予了母亲那种容光焕发的幸福笑容。画的这个独特性使评论这幅画的人们都感到惊讶，例如穆瑟，他认为列奥纳多就是硬不起心肠来画皱纹满面的老年人，因此，安妮才被画成光彩夺目的美人。但是我们能否满足于这个解释呢？另一些人求助于否认母女之间年龄上的相似。① 但是穆瑟的解释企图完全可以证明这个印象：圣安妮被画得这么年轻是由于画本身的原因，并不是为了一个秘而不宣的目的而虚构的。

列奥纳多的童年显然酷似画中的情景。他有两个母亲：第一个是他亲生的母亲卡泰丽娜，在他三到五岁的时候，他被迫离开了她；然后是他的年轻的仁爱的继母——他父亲的妻子唐娜·阿尔贝拉。把他童年的这个事实与上面叙述的一点（他的母亲和外祖母的存在）②结合起来，把它

——————————

① 参见冯·塞德利斯的著作(1909)第二卷的注释。
② 圆括号中的话是作者 1923 年增加的。

们凝缩成一个合成的整体——《圣安妮和另外两个人》的构思对他就具体了。 离男孩较远的母性形象——外祖母——与他早先的亲生母亲卡泰丽娜相应，不仅在外貌上，而且也在与男孩的特殊关系上。 艺术家似乎在用圣安妮的幸福微笑否认和掩盖这不幸的女人的妒忌——在她不得不把自己的儿子交给比她出身高贵的竞争者时感到的妒忌，这种割舍颇似她曾经抛弃了孩子的父亲。①

---

① (作者 1919 年增加的注释:)如果想要把图中的安妮和玛丽的形体分开，并画出各人的轮廓，这确不是容易的事情。人们会说，她们互相融合就像紧密凝结在一起的梦中的人物一样，所以，在一些地方很难说出安妮在哪里结束了，玛丽在哪里开始了。但是，在一个批评家看来(1919 年版为:"在一个艺术家看来")，它是一个错误，是一个构图的缺陷，而用分析学的眼光看来，由于对它秘密意思的说明而证明它是正确的。好像对艺术家来说他童年的两个母亲化为一个了。

(1923 年增加的注释:)特别使人产生兴趣的是把卢浮宫中的《圣安妮和另外两个人》与著名的伦敦草图相比较，同一题材用在不同的构图中。这里，两个母亲融合得更加紧密，她们各自的轮廓更难找到，所以，毫无解释意图的批评家们不得不说:"好像两个头出自一个身体。"

大多数权威一致表示伦敦草图是更早些时的作品，他们把草图的创作日期划在列奥纳多在米兰的第一个时期(1500 年前)。相反，阿道夫·罗森伯格把草图构图看作同一主题的更晚，但更成功的变体(1898);其后，安东·斯普林格甚至认为它的创作日期晚于《蒙娜丽莎》。如果草图肯定是更早些时的作品，那么它就与我们的论点完全相符。当事件的相反过程讲不通时，我们也不难想象出卢浮宫中的画是如何由草图而产生。如果我们把草图的构图作为我们的起点，我们就能看到列奥纳多多么想解开两个女人梦一般的融合——这个融合与他的童年记忆相符合——并且在空间上把两个头分开。事情是这样的:他把玛丽的头和上半身从两个母亲构成的团块中分出来，并使身向下弯去。为了给这个移位提供一条理由，小耶稣基督不得不从她的膝上下来站到地上。这样，小圣约翰就没有空间了，他就被羊羔代替了。

(1919 年增加的注释:)奥斯卡·普菲斯特对卢浮宫中的这幅画有一个卓越的发现(见附图三)，这个发现具有不可否认的意义，即便有人不愿意毫无保留地接受它。在玛丽巧妙安排，有些混乱的衣饰中他发现了一只秃鹫的轮廓，(转下页)

我们就这样在列奥纳多的另一幅作品中找到了证实我们

(接上页)他把它作为无意识的画谜来解释：

附图三

　　"画中代表艺术家母亲的秃鹫——母性的象征——完全清晰可见。

　　"很清楚,长长的蓝色衣料围着前面这个女人的臀部并向她的大腿和右膝延伸,人们可以看见秃鹫独具特性的头,它的脖子和急剧弯曲的地方是它身体开始的地方。几乎任何一位观察家面对我这个小发现都不能拒绝这个画谜的证据。"(见普菲斯特的著作,1913)

　　我敢肯定,在这一点上,读者不会不用心去看附图,看看是否能发现普菲斯特所看到的秃鹫的轮廓。这块蓝色衣料的边缘就是画谜的边界,在这件复制品中,浅灰色的田野衬托出浅黑色的衣服,在这浅黑色的背景上,蓝色的衣料十分显眼。

　　普菲斯特继续写道:"但是,重要的问题是这个画谜延伸到哪里? 如果我们跟着长长的衣料看——在背景的映衬下,画谜显得那么突出——我们注意到,它从翅膀的中间开始,它的一部分拖到女人的脚上,另一部分向上延伸,搭在她的一个肩上和孩子身上。这些部分的前面多少代表了秃鹫的翅膀和尾(转下页)

的猜想的证据：蒙娜丽莎·德·乔康达的微笑唤醒了成年的列奥纳多对他童年早期的母亲的记忆。从那以后，夫人和贵族太太在意大利绘画中被描绘成谦卑地低着头，带着卡泰丽娜的奇怪而又幸福的微笑，这位可怜的农村姑娘把杰出的儿子降生到这个世界上，命运注定了他一生要从事绘画、研究，并受苦。

如果列奥纳多在蒙娜丽莎的脸上成功地再现了这个微笑所包含的双重意思——无限温情的允诺和同时存在的邪恶的威胁（引用佩特的话），那么，在画里他也就真实地保留了他早期记忆的内容。因为他母亲的温情对他是有决定性意义的，决定了他的命运和必将来临的磨难。秃鹫幻想中的猛烈的爱抚只不过是太自然了。由于对孩子的爱，可怜的、遭人遗弃的母亲不得不表达出对她曾经享受过的爱抚的所有记忆和对新的爱抚的渴望；她不得不这样做不仅为了补偿她没有丈夫的痛苦，而且也为了补偿她的孩子得不到的父亲的爱抚。所以，像所有得不到满足的母亲一样，她用她的小儿子来代替她的丈夫，使他过早地性成熟，并剥夺了他的一部分男子气。一个母亲对她哺育和照顾的婴儿的爱比

（接上页）巴，就像它平时的样子；后面可能是突出的肚子，还有——特别当我们注意到像羽毛轮廓的辐射形线条——鸟的展开的尾巴，尾巴的最右端，正像列奥纳多童年时期的梦所显示的（原文如此），伸向孩子的嘴巴，即列奥纳多的嘴巴。

作者非常详细地审查这个解释，探讨它的难点。

她以后对成长中的孩子的慈爱更为意义深远。 母爱在完满的爱情关系中，不仅实现了所有的精神愿望，而且满足了所有的肉体需要；如果母爱代表了一种可达到的人类幸福的形式，在很大程度上应该归功于它能够满足于充满希望的冲动，而不受到谴责，这些冲动长期被压抑，它们常常被称作堕落。[1] 在最幸福的年轻夫妻中，父亲了解孩子——特别是男孩——会变成他的竞争者，这是对抗亲人的起点，这对抗深深地植根于无意识之中。

　　在壮年时期，当列奥纳多再一次见到那种幸福和狂喜的微笑时——那种微笑在他母亲爱抚他时曾浮现在他母亲的唇际——列奥纳多原已长期处于一种压抑之中，无法再期望从女人的嘴唇得到这样的爱抚。 但是他成了一位画家，因此，他努力用画笔再现这个微笑，把这个微笑画在所有的画中——不管是他亲自这样做，还是指导他的学生们这样做——画在《丽达》[2]《施洗者圣约翰》和《酒神巴克斯》[3]中。 最后这两幅画是同一类型的两个变体。 穆瑟写道（1909）："列奥纳多把《圣经》中的饕餮之徒改变成了巴克斯，一个年轻的阿波罗，嘴边带着神秘的微笑，光滑的两腿交叉着，用一种令感官陶醉的目光望着我们。"这些画散发

---

① 见我的《关于性欲理论的三篇论文》(1905)。
② 丽达，希腊神话中为宙斯所恋的一个女子。
③ 巴克斯，希腊神话中的酒神。

着一股神秘的气氛，人们不敢深入这种秘密，人们最多只想把它们与列奥纳多的早期创作联系起来。 这些形象还是两性同体，但是不再有秃鹫幻想的意思。 他们是美丽的青年，带着女性的精美和外形；他们不是低垂着眼睛，而是闪烁着神秘的凯旋的目光，好像他们获悉了一个令人幸福的伟大胜利，却又必须对此保持沉默。 我们所熟悉的这个迷人的微笑引导我们猜想那是一个爱的秘密。 有可能在这些形象中列奥纳多呈现了他孩提时的愿望——对母亲的迷恋——好像在这个男性本质和女性本质的充满幸福的结合中实现了，就这样来否认他的性生活的不幸，或在艺术中战胜了这个不幸。

五

在列奥纳多的笔记本上有一条记载，[1]由于它的重要性和形式上的小错误，引起了读者的注意。

在 1504 年 7 月，他写道：

"1504 年 7 月 9 日星期三，七点钟，塞尔·皮耶罗·达·芬奇，波特斯塔宫殿的法院公证人，我的父亲去世了，

---

[1] 见蒙茨的著作(1899)。

时间是七点钟。 他八十岁，①留下了十个儿子和两个女儿。"

正如我们看到的，这笔记记载了他父亲的死亡。 形式上的小错误是时刻的重复，七点钟出现了两次，好像列奥纳多在句子结束时忘记了他在句子开头已经写过了的东西。这只是一个小的细节，任何一个不是搞精神分析的人都不会加以重视，甚至都不会注意到。 如果他注意了这一点，他会说处在像这样精神涣散或感情强烈的时刻，任何人都会犯这类错误，这并没有什么更深一层的意义。

精神分析学家想的可不一样。 对他来说没有什么事因为太小而不能成为隐藏着的精神过程的表现。 他一直认为"忘记"或重复这类情况是有意义的，还认为，正是"精神涣散"，使得在其他场合中隐藏着的冲动显露了出来。

我们应该说，这则笔记像卡泰丽娜葬礼的账目和学生们花费的账目一样，表明了列奥纳多压抑他的印象是失败了，某些事情长期被强力掩盖，导致了歪曲的表现，甚至形式也一样：这里同样有着学究气的精确和对数字的强调。

我们称这类重复为持续性言语。 这是表明感情色彩的极好方法。 例如，回忆一下在但丁的《神曲·天堂篇》中

_____

① 列奥纳多在笔记中把他父亲的年龄写成八十岁，而不是七十七岁，我这里且先不谈他的这个大错误。

圣彼得为反对他那在人世间的毫无价值的代表人物^①而作的大段抨击：

> 在地上，那个篡夺了我的座位的，
>
> 我的座位，我的座位在上帝的
>
> 儿子的眼前还空虚着呢。

> 他使我埋葬之地成为污血的沟、垃圾的堆。^②

要不是列奥纳多的感情压抑，笔记中的这则记载本来可能会写成这样："今天七点钟，我父亲去世了——塞尔·皮耶罗·达·芬奇，我可怜的父亲！"但是，在关于他的死亡的记述中，持续性言语转移到了最无关紧要的细节上——他死亡的时间——这样使记述丧失了所有的感情，让我们进一步看一看这里掩盖着的被压抑的东西吧。

塞尔·皮耶罗·达·芬奇，一个公证人，并且是几代公证人的后裔，他是一个精力旺盛的人，他获得了令人尊敬的成功。他一生中四次结婚。前两个妻子死后没有留下孩子，只是到了他的第三个妻子，才给他留下了第一个合法的

---

① 指教皇卜尼法斯八世，但丁的最大的仇人。——译者
② 根据王维克翻译的但丁《神曲》的中译本，第二十七章第 22—25 行。——译者

儿子，那是 1476 年的事，当时列奥纳多已经二十四岁，而距离他把他父亲的屋子改作他师傅韦罗基奥的工作室，也已有很长时间了。 列奥纳多的父亲在五十岁的时候娶了他的第四个，也是最后的一个妻子，生下了九个儿子和两个女儿。①

无可置疑，在列奥纳多的性心理发展中他的父亲也起了重要的作用，不仅仅是因为在孩子最初的童年岁月里父亲不在身边这一因素起了消极作用，而且因为在以后那段童年岁月中父亲在身边这一因素也起了直接的作用。 一个希望母亲把自己放在父亲的地位上的孩子，总是在幻想中以这样的身份自居，并且在以后的一段生活中把赢得对他父亲的优势当作他的任务。 当列奥纳多在还不到五岁的时候，他被接回到他祖父的家里，他年轻的继母阿尔贝拉想当然地取代了那与他感情密切相关的亲生母亲的地位，他一定发现他处于所谓那种正常的与父亲竞争的关系之中。 正如我们所知，对同性恋表示赞同的那种决断只在青春期才有。 一旦列奥纳多产生了这种决断，他以父亲自居的作用对他的性生活就失去了全部意义，但是这在其他非性活动的领域里继续着。我们听说他喜爱豪华和优美的服装，他拥有仆人和马匹，尽管照瓦萨里的说法，"他几乎一无所有，他工作也很少"。

---

① 显然，列奥纳多的笔记在兄弟姐妹的数目上有错误——这与这一段明显的准确性形成鲜明的对照。

这些爱好不应单单归因于他的美感，我们认为其中同时存在着强迫自己模仿和想要超越父亲的因素。他的父亲在可怜的农村姑娘面前是一位高贵的绅士，因此，儿子不断地感到激励，也要来扮演一个高贵的绅士——强烈要求"比希律王更希律王"——好让他父亲看到一个真正像样的高贵绅士。

毫无疑问，充满创造力的艺术家对他的作品感觉就像父亲对儿子一样。对他的画来说，列奥纳多以父亲自居的作用是一种影响很大的作用。他创造了这些画后就不再关心它们，就像他的父亲曾不再关心他一样。在这个强迫情绪中，他父亲后来的关心起不了什么改变的作用；因为强迫情绪来自童年早期的印象，以后的经验无法改变那些被压抑并留存于无意识的东西。

在文艺复兴期间——甚至在更晚些的期间里——每个艺术家都需要依靠一个有社会地位的人——捐助人和庇护人，这个人给他种种委托，艺术家的前途就在这个人的手中。列奥纳多找到了卢多维科·斯福尔扎作为庇护人，人称摩洛二世的斯福尔扎是一个野心勃勃的人，酷爱辉煌的事物，在外交上十分精明，但是他性格乖僻，不可信赖。在他的米兰宫廷里，列奥纳多度过了一生中最辉煌的时期，在为卢多维科·斯福尔扎效力期间，他的创造力得到了无拘无束的发展，《最后的晚餐》和弗朗切斯科·斯福尔扎的骑马雕像即是证明。在卢多维科·斯福尔扎尚未遭到奇灾大难之前，他离开了米兰；卢多维科·斯福尔扎后来死于法国地牢之中。 当他的庇护人死亡的消息传到列奥纳多的耳朵里时，他在日记里写道："公爵失掉了他的爵位、财产和自由，他干的工作没有一件是完成的。"①很明显，在这里他对他的庇护人所作的谴责正是后人对他本人所作的谴责，这当然不是没有意义的。 似乎他希望让他父辈中的某个人为他自己留下未完成的作品这一事实负责。 就事实而言，他对公爵的谴责并没有错。

但是，如果说他对他父亲的模仿对作为艺术家的他来说是有害的，他对他父亲的反抗早在最初的儿童岁月里就决定了他在科学研究领域里能获得同样卓越的成就。 梅列日科夫斯基作了一个令人羡慕的比喻（1903），说列奥纳多像一个在黑夜中醒得太早的人，而其时别人都还睡着。 他还勇敢地作了一个大胆的断言，所有独立的研究都证实了这断言的正确性："当一个人在不同观点出现时求助于权威，这一个人只是用记忆工作，不是用理性工作。"②这样，列奥纳多成了第一位现代自然科学家，他成了希腊时代以来第一个只依靠观察和自己的判断来探索自然秘密的人，他的勇气使他产生了大量的发明和有启发性的思想。 不过他的那些教导，例如必须轻视权威，必须抛弃对"古人"的模仿，主张不断

---

① 这段话曾为冯·塞德利斯所引述（1909）。
② 这段话曾为索尔米所引述（1910）。（还见于《大西洋古抄本》）

地研究自然是一切真理的源泉，只是重复——在人可以达到的最高理想之中——单方面的观点，当他还是小孩子，惊奇地凝视着世界的时候，这个观点已经深入了他的内心。 如果我们把科学的抽象观念再翻译成具体的个人经验，我们就看到"古人"和权威仅仅是与他的父亲相对应的，大自然则再一次变成了那哺育了他的温柔、善良的母亲。 在其他许多人身上——今天与原始时期一样——对某类权威的支持的需要是如此强烈，如果那个权威受到威胁，他们的世界就摇摇欲坠。 只有列奥纳多能不需要这种支持，如果在他生命的初期他没有学会在缺少父亲的情况下去生活，那么，他是做不到这一点的。 他后来的大胆、独立的科学研究是因为有了这样一个先决条件——童年的性探索没受他父亲的压抑而存在着，后来也就是一个排斥了性的成分的探索的延续。

当一个人像列奥纳多一样在他的童年最早期①就摆脱了父亲的威胁，并且在他的探索中抛弃了权威的束缚，如果我们发现他仍是一位虔信者，无法逃脱教条的宗教的束缚，那么这与我们的期望的情形就会截然相反了。 精神分析学使我们熟悉了父亲情结和上帝信仰之间的密切关系，它向我们显示出，从心理上来说，一个个人的上帝就是一个崇高的父亲。 这一点每天都在给我们提供证据：当父亲权威在青年面

---

① "最早期"这个词为作者 1925 年所加。

前一旦丧失时，他们便失去了宗教信仰。因此我们认为，宗教需求的根源是在父母情结之中。全能而又公正的上帝，仁慈的大自然，在我们看来是父母亲的崇高升华，或者，毋宁说是小孩子的父母观念的还原或恢复。从生物学的角度来讲，宗教应该追溯到小孩子的长期的无助和对帮助的需要。在以后生活的某一天，当他觉察到在生活的强大力量面前他多么无望和弱小，他感到他的情况像他在童年时的情况一样，便会企图通过重新恢复那种保护了他的婴儿期的力量来掩饰他的失望。对神经病的预防——宗教把这种预防赐予那些信仰宗教的人——是很容易得出解释的：宗教调动了他们的父母情结——个人的罪恶感和人类的罪恶感都源于这个情结，又通过这情结处理了这罪恶感，而不信教的人则不得不自己来解决这个问题。①

列奥纳多的事例似乎表明了这种关于宗教信仰的观点是有道理的。在他还活着的时候就有人指控他不信教或者背叛基督教（在当时，这两者是一回事）。这些在第一本瓦萨里（1550）为他所写的传记中有清楚的记述。瓦萨里在他的《生活》的第二版（1568）中删去了这方面的言论。由于对他的那个时代中宗教事务的问题的极度敏感性，我们完全能够理解为什么甚至在笔记上，列奥纳多也不直接表明他对

---

① 最后这个句子为作者 1919 年所加。——这一点，在弗洛伊德当时致纽伦堡会议的信(1910)中就提到了；又见《群体心理学》最后一章(1921)。

译文经典

基督教的态度。 在他的研究中，他不允许自己被《圣经》中关于创世的描写引入哪怕偏差极小的歧途。 例如，他对宇宙洪水的可能性表示怀疑，在地质学上他计算了上万年的期限，这种毫不犹豫的治学精神一点不输今人。

在他的"预言"中，有一些事情必定会冒犯基督教信徒的敏感的感情。 举个例子来看，"关于对圣徒们的偶像进行祈祷"：

"人们对着那些毫无感觉，睁着眼睛但什么也看不见的人说话；人们对他们说话，却得不到任何回答；人们向那些长着耳朵却什么也听不见的人乞求恩典；人们为瞎子点灯。"（见赫茨菲尔德的著作，1906）

或者，"关于耶稣受难日的哀悼"：

"在欧洲的每一个角落，无数人为死在东方的一个单身汉而哭泣。"（同上）

对列奥纳多的艺术的看法我们已经作了表达：他从神圣的形象中抽掉它们与教会关系的最后残余，并使它们具有人性，以便用它们来表现伟大而又美好的人类感情；穆瑟赞美他克服了当时流行的颓废情绪，恢复了人的感官享受和纵情生活的权利。 那些表现出列奥纳多怎样全神贯注于大自然奥秘的探索的笔记中，有一些段落呈现了他对造物主、一切崇高奥秘的最终源头的赞美；但是没有任何迹象表明他希望与这个神圣的力量维持什么私人的关系。 一些体现了他晚年的深奥智慧的见解泄露了他愿意听命于大自然的法则，但不希望由于上帝的仁慈或恩典而使痛苦得到平息。无可置疑，列奥纳多战胜了教条的宗教和个人的宗教，他通过他的研究工作远离了基督教信徒观察世界的立场。

本文前面提到的那些发现——我们对儿童精神生活的发展已达到的发现——使我们想到在列奥纳多的情况中，童年时期的最初探索也涉及了性欲问题。实际上，通过把对探索的迫切期望和秃鹫幻想结合起来，通过选择鸟儿飞翔的问题作为他注定要关心的问题——这是一连串特殊情况的结果，他用显而易见的伪装使这点泄露了出来。在他的笔记中有一段与鸟儿飞翔有关的非常含糊的文字，这话好像是种预言，很好地表明了富有感情的兴趣的程度，正是怀着这种兴趣，他沉湎于怎样使模仿鸟的飞行的技术获得成功的希望之中："伟大的鸟将从'大天鹅'①背上开始它第一次飞行，它将使全宇宙大吃一惊，使所有描述它的文章脍炙人口，它是自己出生地的不朽荣誉。"他可能希望他自己有一天能够飞翔，我们从实现愿望的梦里知道了巨大的幸福来自愿望的实现。

但是，为什么会有那么多人梦到自己能够飞翔呢？精神分析学的回答是，人的飞翔或成为一只鸟，只是另一个希

---

① 见赫茨菲尔德的著作(1906)："大天鹅"好像是指佛罗伦萨附近的一座小山蒙特西西罗(现在叫蒙特西西里。"西西罗"，在意大利文中是"天鹅")。

望的伪装，这些梦比梦见一座桥①——不管语词还是实物——更能使我们认识到那希望到底是什么。当我们考虑到，人们常常告诉好奇的儿童，婴儿是像鹳那样的大鸟带来的；当我们发现，古人把男性生殖器描绘成有翅膀的；当我们获悉，男性性活动在德语中最普通的表达是"vögeln"（"Vogel"是德语的"鸟"）；当我们得知男性性器官在意大利语中实际上被叫作"l'uccello"（"鸟"）——所有这些只是有机的整体思想的一些小碎片，这个思想表明，梦中期望飞翔只能被理解为渴望进行性行为。② 这是一种婴儿早期的欲望。当一个成年人回忆起他的童年时，觉得曾有过一段幸福的时光，在这段时间里，他尽情享受，对未来不抱任何期望；正是由于这个原因，他对孩子们羡慕不已。但是，假如孩子们自己能早些告诉我们一些消息，他们也许会告诉我们一个不同的故事。童年似乎并不是快乐无比的牧歌，在回忆中，我们歪曲了我们的牧歌，情况恰恰相反，孩子不断受到欲望的催逼，要长大，要做大人的事情，孩子们就这样度过了童年的时光。这个愿望是他们所有游戏的动机。无论何时，孩子们在他们的性探索过程中感到，在这个如此神

---

① 梦见桥，被认为是渴望进行性行为的象征。——译者

② （作者1919年增加的注释:)这个叙述是以保罗·费德恩和毛利·沃尔德——这两个挪威科学家的研究为基础的,后者与精神分析学是毫无关系的。(参见《梦的解析》[1900]）

秘并且如此重要的范围里，有一些事情很奇妙，可那是成年人的事情，却不允许他们去做，甚至也不让他们知道，于是他们强烈渴望着自己能这样干，他们梦到它，这种梦的形式就是飞翔，或者，他们准备把伪装后的希望用在以后的飞翔梦里。 因此，在我们这个时代，最终实现了的航空，也可以在婴儿性欲方面找到根源。

列奥纳多既然向我们供认了，从他的童年开始他就以独特的和个人的方式感到了与飞行问题的紧密联系，那么他也就向我们证实了他的童年研究直接针对性的问题，这也是我们必定期望的、在我们的时代对儿童调查研究所得的结果。这至少是一个与压抑无关的问题，而正是压抑使他后来成为性冷淡的人。 从他的童年一直到他的智力完全成熟的时期，同样的题目——只在意思上有微小的变化——一直吸引着他；极有可能，他所渴望的技艺在机械方面是不能达到的，就像他早年的性欲得不到满足一样，极有可能他在这两个愿望中都受到了挫败。

确实，伟大的列奥纳多在他的一生中不止在一个方面保持着孩子的特征，据说所有伟大的人物必定都保留着某些儿童天性，甚至在他成年以后还继续做游戏。 这就是他为什么常常使他的同时代人感到古怪和难以理解的另一个原因。只是我们自己才不满意他为宫廷节日和盛大宴会制造极其精巧的机械玩具，因为我们不愿意看到艺术家把他的力量用于这样琐碎的事情。 他自己好像表现出了乐于这样打发时间的愿望，因为瓦萨里告诉我们，在他其至还没被委托做这些事时他就制造了类似的东西："在那里（在罗马）他弄到了一块软蜡，用它做了非常精巧的动物，里面充满了空气，当他把空气吹进它们的身体，它们飞了起来，当空气跑掉以后，它们又落回地上。 贝尔维迪尔的酿葡萄酒的人抓到了一只奇特的蜥蜴，列奥纳多从别的蜥蜴身上移来皮肤为它做了一对翅膀，翅膀里灌上了水银，这样，当它爬行时，翅膀就扇动起来。 后来，他又为它做了眼睛、胡须和角，驯服了它，把它放在一只盒子里，用它来吓唬他的朋友们。"[1]这类别出心裁的游戏常常是为了表达一个严肃的思想。"他常常仔细地把羊肠弄得十分干净，可以把它们握在手心里。 他把羊肠拿到一个大房间中，将一台铁匠用的吹风器放在邻室，把羊肠扎在风口上，把风吹进肠子，直到胀开的肠子占去了整个房间，迫使人们躲到角落里去避难。 他用这种方法告诉人们羊肠如何渐渐变得透明的，充满了空气。 开始，羊肠只占据一个小的空间，逐渐展开到像屋子一样的宽度，通过这个事实，他把羊肠比作天才。"[2]他的寓言和谜语表现了在无害的掩饰和巧妙的伪装下的同样滑稽的快乐。 而谜语又以"预言"的形式出现：它们几乎都是充满思想的，缺乏情

---

[1] 见瓦萨里的著作，根据柯恩 1843 年的译文。
[2] 见瓦萨里的著作，根据柯恩 1843 年的译文。

趣的成分达到了惊人的程度。

在某些情况里，列奥纳多发挥想象力所做的游戏和恶作剧，把那些误解了他的性格的这一方面的传记作家引入了可悲的歧途。例如，在列奥纳多的米兰语手稿中有一些致"巴比伦王国总督圣苏丹、索里奥（地名，即叙利亚）的狄俄达里奥"的信的草稿，列奥纳多在信稿中说他作为工程师被派往东方的某些地区去建造一些工程；他为自己被人指责说懒惰而作了辩护；他提供了城市和山区的地形描绘，最后他还描述了他在那里时发生的一个伟大的自然现象。①

在 1883 年，里希特企图根据这些文件来证明这些事情真是列奥纳多在为埃及苏丹服务期间的旅行中作出的，他在东方甚至信奉了伊斯兰教。根据这个观点，他对那里的访问是发生在 1483 年之前的一个时期——也就是说，在他居住在米兰公爵的宫廷之前。但是，另外一些聪明的作家毫无困难地发现了列奥纳多所说的东方旅行是一种假想，因为这些材料不过是年轻艺术家的想象力的产物。他创造它们是为了自我娱乐，他在这里表达了旅游世界和探险的愿望。

他的想象力的创造物的另一个例子可能在《芬奇研究院》这一作品中得以发现，这个作品有 5—6 个象征符号，有

---

① 有关这些信和与这些信有关的各种情况及问题见蒙茨的著作（1899）；真正的原文和其他一些有关的注释在赫茨菲尔德的书（1906）中可以找到。

极其复杂的互相连结的形式，它还包含着研究院的名字①。瓦萨里提到了这些设计，但没有说到"研究院"。蒙茨用其中一个作为他论述列奥纳多的大部头著作的封面装饰，他是相信《芬奇研究院》的真实性的少数人之一。

也许列奥纳多的游戏本能在他更成熟的年头里消失了，也许这种游戏找到了进入研究活动的道路，这种研究活动表现了他的个性的最新、最高度的发展。但是，只要有这样一个长时期的过程，它便告诉我们，如果一个人在他的童年时期享受了高度的、再不可得的性快乐，那么他扯断与童年的联系的过程将多么缓慢。

六

今天的读者认为所有疾病的历史听来都是令人厌恶的，这一事实不容置疑。他们抱怨说一个伟人的病历审查永远不会导致理解他的重要性和他的成就，他们就这样来表达他们的厌恶；他们还抱怨说，研究伟人身上的这些事情只是一种毫无用处的鲁莽行为，因为这些事情在你碰到的任何一个人身上都可以找到。但是这个批评的不公正是如此明显，

---

① 柯恩的著作(1843)："他甚至花了一些时间来画线结，我们可以沿着线结中的线从一头到另一头，直到它形成一个完整的圆形图案。这类既复杂又美丽的设计刻在铜板上，其中，我们能够念出'列奥纳多的芬奇研究院'这样的字样。"

以致只有当它作为一个借口和伪装时才是可以理解的。 审查病历的目的丝毫也不是为了使这个伟大人物的成就无法理解；肯定不会有人因为没有去做他从来没有想到去做的事情而受到责备。 他们反对的真实动机不是这样。 如果我们牢记传记作家们用非常特殊的方法观察他们的主人公，我们就能发现这些动机。 在许多情况中，他们选择他们的主人公作为他们研究的题目，因为——由于他们个人的感情生活——从一开始，他们就感到对他特别喜爱。 然后，他们把精力奉献给一个理想化的任务，目的在于把这个伟人塞进他们所设想的婴儿的模式之中——也许目的还在于在他身上再现儿童对他父亲的理想。 为了满足这个愿望，他们去掉他们主人公的生理学上的个人特征；他们抹掉他一生与内部和外部阻力抗争的痕迹，他们在他身上不允许有人类弱点和缺陷的痕迹。 这样，他们向我们展现了一个实际上冷漠、陌生和理想的人物，从而代替了我们感到与我们有着遥远关系的一个人。 他们这样把真理奉献给了幻觉，为了他们的婴儿幻想而放弃了认识人类本性最迷人的秘密的机会，这样做是令人遗憾的。①

列奥纳多热爱真理、渴求知识，他不会阻止人们把他本性中的不重要的特点和谜作为研究起点的企图，因为这是为

---

① 这样的批评可以普遍地使用，但不能使用于列奥纳多的传记作者们。

了发现是什么决定着他的精神和智力的发展。我们用向他学习的方法来向他致敬。如果我们研究了他的发展从童年起就必须承受牺牲，如果我们把那些为他印上了失败的悲惨标志的因素集中起来，我们并没有贬低他的伟大。

我们必须明白地坚持，我们决没有把列奥纳多看作一个神经病患者，或者像那些笨拙的措辞所称作的"神经疾病的患者"。任何一个对我们抗议的人说我们如此大胆，竟用得自病理学范围内的发现来审查他。他们其实仍然坚持了我们今天正确地抛弃了的偏见。我们不再认为健康和疾病、正常人和神经病人之间有鲜明的区别，我们不再认为神经病的特性必须视为普遍低级的证据。今天，我们知道了神经病症状是一种结构，它替代了某些压抑的结果，而从孩子到一个有教养的人的发展过程中，我们不得不经受这些压抑。我们还知道我们都具有这种代替的结构，只是这种结构的数目、强度和分布使我们有理由使用实用的疾病概念，推测下等体质的存在。从我们所知的列奥纳多个性的一些轻微的痕迹出发，我们倾向于认为他接近我们所描绘的"强迫性的"神经病类型；我们可以把他的研究与神经病患者的"强迫性沉思"加以比较，把他的抑制与我们所知的"意志丧失"加以比较。

我们的工作目的是要解释在列奥纳多性生活和艺术活动中的抑制。抱着这个目的，我们可以概括一下在他的精神发展中我们所能发现的东西。

我们没有关于他的遗传情况的资料；在另一方面，我们看到了他的童年时期的偶然境遇对他产生的意义深远的和带扰乱性的影响。他的非法出生剥夺了他父亲对他的影响，这种情况可能一直延续到他五岁的时候；向他敞开的只有母亲对他的温情的诱惑，他是他母亲唯一的安慰。他由于受到她的亲吻过早地达到了性成熟。他毫无疑问会进入一个婴儿性活动时期，只有一个现象可以确切地证明这一点——他的婴儿性探索的强度。童年的早期印象最强烈地刺激着他的视觉本能和求知本能；嘴的性感区得到了强化，这种强调从此再没有被放弃。根据他的相反行为，例如，他对动物夸大了的同情，我们可以得出推论，在他童年的这个阶段并不缺乏强烈的施虐狂特征。

一个强力的压抑高潮将这个童年时期过分行为带到了一个尽头，建立了某些气质，这些气质在青春期变得明显了。这个改变的最明显的结果是对每一种原始的感官活动的回避，这样列奥纳多得以生活在禁欲之中，并给人们一种"无性人"的印象。当青春期的刺激潮水般涌向男孩时，这些刺激却不能通过强迫他发展一种有价值的和有害的代替结构来使他生病。由于过早地倾向于性好奇，他对性本能的需要的相当大部分升华为一种普遍的求知，因此才躲避了压抑。他的里比多的很小的一个部分继续奉献给性目的，它表明了一个发育不全的成年人的性生活。 因为他对他母亲的爱被压抑了，这个部分不得不采取同性恋的态度，用对男孩们的理想的笑来表明它的存在。 对他母亲的固恋和对他与她的关系的幸福记忆的固恋继续被保留在无意识之中，但是暂时处于静止状态。 这样，压抑、固恋和升华，都在性本能对列奥纳多的精神生活发生影响时起着作用。

列奥纳多由童年的默默无闻成长为一位艺术家、画家和雕塑家，这多亏了一种特定的天赋，这种天赋被童年早期早熟的视淫本能所加强。 如果我们有能力，我们当然很愿意描写艺术活动如何来自心理的原始本能。 我们必须满足于强调一个事实——我们很难再怀疑这个事实——即一个艺术家创造的东西同时也是他的性欲望的一种宣泄。 在列奥纳多的情况中，我们能够指出瓦萨里提供的资料（见前文），女人的笑容和美丽的男孩——换句话说，他的性对象的代表——在他早期艺术奋斗中是值得注意的。 在青春时期，列奥纳多的工作起初好像是无拘无束的。 正像他在生活的外表行为上模仿他的父亲——他在米兰经历了男性创造力和艺术生产的时期，这时仁慈的命运使他在卢多维科·摩洛公爵身上寻找父亲的替身。 很快我们就找到了我们的经验的证明：几乎所有对真正性生活的压抑都不利于升华了的性趋向。 被性生活决定的心理模式开始起作用。 列奥纳多的活动和很快形成决定的能力开始减弱；他的审慎和拖延的倾向在《最后的晚餐》中作为扰乱的因素已经显而易见，这个倾向由于影响他的艺术，对伟大作品的命运也就有了决定性影响。 在他身上慢慢出现的这个过程只能比作神经病患者身上的退化。 在青春期使他成为一位艺术家的发展过程，被以前使他成为一位科学研究者的过程掩盖了，而后者的决定因素在婴儿早期就已经存在了。 他的性本能的第二个升华（艺术）被最初的升华（科学）代替了，第一个压抑来临时，最初的升华的道路也就被铺平了。 当他成了一位调查研究者时，一开始依旧为他的艺术服务，但是以后就孤立了艺术，远离了艺术。 随着他的庇护人、他父亲的替身的丧失，随着他的生活日益呈现出阴郁的色彩，这个退化的转换承担的部分就越来越大。 他变得"对绘画非常不耐烦"，[①]这是一个与伊莎贝拉·德斯特伯爵夫人通信者告诉我们的，伯爵夫人极想从他的手中得到一幅画。 他沉湎于过去了的婴儿时期。 但是，代替了艺术创造的研究工作好像包含了一些显出无意识本能活动——贪得无厌、坚持不变和缺乏适应现实环境的能力——的特征。

在他生活的顶峰，当时他刚过五十岁——妇女在这个年龄性特征已经开始衰退，男人在这个年龄里比多常常会有更加精力旺盛的发展——一个新的变化在他身上发生了。 他

---

① 见冯·塞德利斯的著作(1909)。

的心理内容的最深层再一次活跃起来，但是这个进一步的复归对他的艺术有利，他的艺术当时正处在变得难以发展的过程中。 他遇到了一个女人，她唤醒了他对他母亲那充满情欲的欢乐的幸福微笑的记忆，在这个复活了的记忆的影响下，他恢复了在他艺术奋斗开始时引导他的促进因素，那时他也是以微笑的妇女为模特儿的。 他画了《蒙娜丽莎》《圣安妮和另外两个人》和一系列神秘的画，这些画都以谜一般的微笑为其特征。 在他最久远的性冲动的帮助下，他享受了再一次突破艺术中压抑的胜利喜悦。 在我们看来，在逼近的老年的阴影下，这个最后的发展显得不清楚了。 在此之前，他的智慧向着世界观念的最高现实翱翔，这个最高现实把他的时代远远地抛在了身后。

在前面的几章中，为了提出他生活的这些细节，为了解释他在科学和艺术之间的摇摆，我已经表明了什么样的正当理由可以用来解释列奥纳多的成长过程。 如果由于我的这些论述，我招致了批评，甚至是精神分析学的朋友或者专家的批评，说我只不过写了一部精神分析的小说，我可以回答说，我决没有过高估计这些结果的肯定性。 像别人一样，我感受到这个神秘的伟大人物的吸引力，人们好像在他的本性中发现了强大的本能激情，而且这些激情只能用如此明显的抑制方式来表达自己。

但是不管列奥纳多生活的真相可能是什么样，我们不能停止我们的努力，不去对它作精神分析的解释，直到我们有了新的突破。 我们必须用相当一般的方法划出在传记领域里精神分析学能够达到的限度。 否则，尚未出现的每一个解释就会作为失败展现在我们面前。 在精神分析研究支配下的材料是由一个人生平的事实组成的：一方面是事件的偶然性质和背景的影响，另一方面是记载下来的关于这个人的反应。 在有关精神机制的知识的帮助下，努力把这个人的性格的动力基础放在他的反应的力量上，发现他的心理的原始动机力量以及它们以后的改变和发展。 如果这样做成功了，在他生活历程中的充满个性的行为在性格和命运、内力和外力的混合作用中就得到了解释。 如果这样的工作并不产生任何结果——在列奥纳多的情况中，可能就是这样——该指责的并不在于精神分析学错误或不适当的方法，而是在于与这个人有关的材料的不确切和不完全，用老方法可以得到的材料就是这样。 因此，只有传记作家应为这个失败负责任，因为他使精神分析学不得不在如此不充分的材料的基础上得出一个专门的意见。

但是，即使供我们支配的历史材料非常丰富，即使我们对精神机制的处理能有极大的把握——这是很重要的两点——精神分析研究仍然不能使我们理解为什么这个人必然成为这样的人，而不是那样的人。 在列奥纳多的情况中，我们不得不坚持这个观点：他非法出生的这种偶然性和他母亲的过分温情对他的性格的形成，对他以后的命运起了决定性的影响。因为童年时期以后开始的性压抑使他把里比多升华为求知欲，还在他以后的全部生活中造成了性静止状态。但是，童年第一个性满足以后，这个压抑当然不再发生了；在另一些人身上，也许它不会发生或者只在范围极小的一个部分里发生作用。在这儿我们必须认识到，精神分析的方法不能进一步决定达到自由王国的程度。同样，一个人没有权利宣称：升华，这个压抑的结果，是唯一可能的结果。也许另一个人就没有通过把里比多升华为求知欲而使大量的里比多避免了受压抑。在同样的情况下，一个人也许会承受对他的智力活动的永久性伤害，或者企图对强迫性神经症进行控制。我们留下了列奥纳多的两个特性，这是精神分析学也无法解答的两个特性：他那相当特别的压抑本能的倾向，还有他升华原始本能的非凡能力。

我们说明本能和本能的改变是在精神分析学的限度内。就是在这个问题上，精神分析学为生物学研究代替了。我们不得不寻找在压抑的源泉中和性格的生理基础上的升华能力，精神结构只是以后才建立在这个生理基础之上的。因为艺术的才能和能力与升华密切相关，所以我们必须承认，艺术功能的本质也是我们很难用精神分析方法解答的。今天生物学研究的趋势是把一个人器官构造中的主要特征，解释为男女性气质混合的结果，这种观点建立在（化学）物质的基础上。 列奥纳多形体上的俊美和他的左撇子，也许可以被用来支持这个观点。[①] 但是，我们不会离开纯心理学研究的基地。 我们的目的仍然是要证明，在本能活动的过程中，一个人的外部经验和他的反应之间的关系。 纵然精神分析学没有展现出列奥纳多的艺术力量的事实，至少也探讨了它的现象和我们对这些现象理解的限度。 无论如何，似乎只有具有列奥纳多童年经验的人才能画出《蒙娜丽莎》和《圣安妮和另外两个人》，才能为他的作品招来如此令人伤感的命运，才能作为一个自然科学家达到如此惊人的成就，似乎他所有成就和不幸的秘密都隐藏在童年的秃鹫幻想之中。

但是一个人能否同意这个研究的发现呢？ 这个研究是由于双亲丛[②]这一偶然情况对人物命运所具有的如此决定性影响，例如，使列奥纳多的命运依赖他的非法出身和他第一个继母唐娜·阿尔贝拉的不育。 我以为一个人没有权利反对这样的研究方法。 如果他认为偶然性对决定我们的命运毫无价值，他的思想只是属于有神论，当列奥纳多写到"太阳不动"时，他便是在抵制这种宇宙观。 在我们的生命最

---

① 这毫无疑问是暗指弗利斯的观点，弗洛伊德曾深受这观点的影响。参见他的《关于性欲理论的三篇论文》(1905)。但是，在"两侧对称"的特殊问题上，他们二人的观点有分歧。参见本文的"编者按"。

② 精神分析学专用术语，指以父亲或母亲为核心的心理情感。——译者

缺乏自卫能力的时期，公正的上帝和仁慈的天意没有很好地保护我们免受灾难的影响，我们自然会受到伤害。 同时，我们都忘记了，事实上一切与我们生活有关的事情都是机遇，从产生了我们的精子和卵子相遇起——然而，机遇也分担了大自然的规律和必然性，它只是出乎我们的希望和幻觉罢了。 究竟在我们臆造的"必然性"和我们童年的"偶然性"之间哪一个决定我们的生活，细细推敲起来，仍是不能确定的。 但是粗略地说，童年初期的相当明确的重要性不可能再受到怀疑。 我们大家仍然太不尊重自然——这里引用列奥纳多的一句含糊的话（这话使人想起哈姆雷特的诗行①），他说："自然中充满了无数的'原因'（ragioni），它们永远也不会被我们所感知。"②

我们每一个人都只能与无数生活的实验中的一个相符合，在这一个实验之中，大自然的"原因"被我们发现了。

_____

① 这是指哈姆雷特的名言（见剧本《哈姆雷特》第一幕第五景）：
　　　　须知天地间有些事情，霍瑞旭，
　　　　你们那哲学做梦也没有梦到。
② 见赫茨菲尔德的著作(1906)。

米开朗琪罗的摩西

（1914）

《标准版全集》编者按：这篇译文是发表于 1925 年和 1951 年的译文的修订本。

弗洛伊德对米开朗琪罗的雕像的兴趣经久不衰。1901 年 9 月，他第一次访问罗马。抵达后的第四天，他就去参观米开朗琪罗的雕像了。以后他又去过许多次。早在 1912 年，他就打算撰写这篇文章了，但是直到 1913 年秋季他才动笔。《米开朗琪罗的摩西》在《意象》上发表时署名"＊＊＊"，直到 1924 年才署上了作者本人的名字。关于这篇文章迟迟没有发表以及最后采用匿名发表的原因，我们可以从欧内斯特·琼斯博士所著的《弗洛伊德传记》的第二卷中找到答案。

当论文首次匿名在《意象》杂志上发表时，有一条注释附在标题之下，这条注释显然出自弗洛伊德的手笔：

"严格说来，这篇论文并不符合这本杂志发表稿件的条件，但是编辑们还是决定发表它，因为作为编辑们熟悉的作者,他活跃在精神分析的圈子里,也因为事实上他的思想方法与精神分析学的方法有某些相似之处。"

我可以毫不犹豫地说,对于艺术,我不是鉴赏家,而只是一个门外汉。我常常注意到,艺术作品的题材比它们的形式和技巧上的特点更有力地吸引我,虽然就艺术家而言,他们的价值总是首先在于形式和技巧。我无法恰当地欣赏许多艺术中运用的方法和取得的效果。我这样说是希望读者能够谅解我在这里所做的尝试。

然而,艺术作品确实对我产生了强烈的影响,特别是文学作品和雕塑作品,至于绘画作品的影响相对地要少一些。当我凝视着这样的艺术品时,我总需要在它们面前花费长久的时间,我希望用自己的方法去理解它们,也就是说,向我自己解释它们的效果到底来自何处。我在做不到这一点的场合里,例如在音乐里,我就几乎不能获得任何快乐。我身上的某种理性的,或许是分析的倾向使我感动不起来,在我自己也不知道为什么受到感动,是什么打动了我的时候,我是感动不起来的。

这样,我认识到一个显然有些似是而非的事实:对我们的理解力来说,恰恰是某些最美妙和最杰出的艺术作品成了不解之谜。我们赞美它们,为它们所慑服,但是我们说不出它们向我们呈现了什么。我孤陋寡闻,不知这一事实是否已经被别人议论过了；当然，可能有某个美学家已经发现了，当艺术作品想要达到它的最大效果时，这种理智上的迷惑状态实是必要的条件。我只是极其勉强地使自己相信有某种这样的必要条件。

我的意思并不是说艺术鉴赏家和艺术爱好者找不到词汇来赞美这些对象。他们说起来滔滔不绝，起码我这样看。但是通常，在伟大的艺术作品面前，每一个人所说的与另一个人所说的都大相径庭；没有一个人的话可以解答质朴的赞赏者所面临的问题。我认为，那如此强有力地吸引了我们的东西只能是艺术家的意图，因为他在他的作品中成功地表现了他的意图并使我们理解这个意图。我知道，这不仅仅是一个理性的理解的问题；他的目的是在我们身上唤起同样的感情状态，同样的心理丛（mental constellatioh）①，也就是那些在他身上产生了创作动力的东西。但是，为什么艺术家的意图不能像心理生活的其他事实那样用词汇来表达和理解呢？也许，就伟大的艺术作品而言，不利用精神分析学，有些方面就永远不可能被揭示出来。如果作品真是艺术家意图和情感活动的有力表现，那么作品本身一定得这样的分析。然而，为了发现他的意图，我必须首先发现他的作品所表现的意义和内容，换句话说，我必须能够解释

① 精神分析学专用术语，指集体情感，或未加抑制的一组情感性观念。——译者

这件作品。 因此，这类艺术作品可能需要解释，并且，在我没有完成解释工作之前，我也不可能知道为什么我被这么强烈地感动了。 我甚至冒昧地希望，在我们成功地分析了作品以后，作品的效果将不会减弱。

让我们来探讨一下莎士比亚的杰作《哈姆雷特》吧，这部作品至今已有三百多年的历史了。[①] 我仔细地考察了文学的精神分析学研究，我接受它的说法：只是在精神分析学把悲剧的材料追溯到俄狄浦斯主题后，悲剧效果的秘密才最终得到说明。（参见《梦的解析》）但是，在此之前有多少各不相同又互相矛盾的解释啊，对于主角的性格和剧作家的意图又有多么千奇百怪的观点啊！ 莎士比亚是否要求我们同情一个病人、一个无能的弱者，或者一个仅仅太善良地对待现实世界的理想主义者？ 这许多解释丝毫也没有打动我们！ ——它们对于戏剧的效果什么也没说，反而让我们相信戏剧的魔力只是由于作品中感人的思想和光彩的语言。但是，这种种努力本身不正说明了我们有必要在作品中发现某种超越了它们的独立存在的力量源泉吗？

另一件不可思议的、令人惊讶的艺术作品是米开朗琪罗的大理石雕像《摩西》，它保存在罗马温科利的圣彼得教堂。 众所周知，它只是艺术家为势力强大的教皇尤里乌斯

---

① 首次上演也许是在 1602 年。

二世①建造的巨大陵墓建筑的一个局部。 每读到对这座雕像赞赏的话，比如"现代雕像的王冠"（格里姆［1900］）这类句子，我总是很高兴。 这是因为从来没有一件雕塑作品给我留下了比它还要深刻的印象。 我曾多少次爬上从并不吸引人的柯尔索·尤瓦尔通往荒凉的广场的陡峭的台阶，孤寂的教堂就坐落在广场上，我站在那里试图忍受摩西目光中愤怒的轻蔑。 有时，我小心地从里面的幽暗中逃出来，好像我自己也属于他的眼睛所怒视的群氓——这些群氓缺乏信念、信心和忍耐力，当他们重新获得了幻觉中的偶像时，他们就会欣喜若狂。

但是我为什么把这座雕像说成是不可思议的呢？ 无疑，它把摩西塑造成犹太人的立法者，手中拿着十诫板。这些是肯定的，但是也就如此了。 近在 1912 年，一位艺术批评家马克斯·撒瓦尔兰德说道："世界上没有一件艺术品像生着潘神头颅的摩西这样，招来如此众说纷纭的评价。单是对形体的解释就出现了全然对立的观点……"根据五年前发表的一篇文章，②我将首先陈述与摩西形体有关的一些疑问，这样，要揭示出在它们后面隐藏着的对理解这件艺术品是最根本和最有价值的东西就不是困难的事情了。

---

① 根据亨利·都德的说法(1908)，雕像制作于 1512—1516 年之间。
② 都德的著作(1908)。

一

米开朗琪罗雕塑的摩西是坐像，他的身体朝着前面，他那长着繁茂的胡须的头朝左面看，右脚放在地上，左腿抬起，只有脚趾接触着地面。 他的右臂把十诫板和一部分胡须连接在一起，左臂放在膝上。 如果我要更详细地描绘他的姿态，我就将过早地说出我后面想要说的了。 附带说说，各种各样的作家对摩西形体的描绘是出奇地拙劣。 不能理解的东西其实是不能正确地观察和复现的东西。 格里姆说（1900），右手"握着胡须，十诫板放在这只胳膊下"。鲁博克也这样说（1863）："深受震动，他用右手抓着他那了不起的、飘动的胡须……"斯普林格说（1895）："摩西的一只手（左手）压着他的身体，另一只手仿佛出于无意识，插进一绺茂密的胡子里。"朱斯蒂认为（1900）："正如现代人激动起来会抚弄表链一样，摩西的（右）手指抚弄着他的胡须。"蒙茨也着重讲了（1895）他抚弄胡须。 都德说（1908）："放在靠着身侧的十诫板上的右手姿态平静、稳定。"他与朱斯蒂和博伊托不同，认为（1883）甚至在右手上也没有任何兴奋的迹象，"这只手一直抓着胡子，处在泰坦（Titan）[①] 把

[①] 希腊神话中统治世界的巨人族的一个成员。这里指摩西。——译者

头转向一边之前的这个姿势里"。 雅各布·布克哈特埋怨说
(1927)："著名的左臂除了把胡子压向身体，事实上再没有
什么用处了。"

各种描述尚不能统一，对雕像的各种特征的意义的意见
分歧就更不足为奇了。 我认为，我们不会比都德更为出色
地描述 (1908) 摩西的面部表情了，他在雕像中看到了"愤
怒、痛苦和轻蔑的混合物"，"愤怒表现在他那咄咄逼人的紧
皱的眉头上，痛苦表现在目光里，轻蔑表现在突出的下唇和
下撇的嘴角"。 但是不同的赞赏者肯定会用不同的眼光去看
的。 杜帕蒂就这样认为，"他那威严的额头好像仅仅是属于
透明的面纱，半掩住了他那伟大的精神"。① 鲁博克却说
(1863)："在他的头部寻找高度智慧的表情是徒劳的，他那
压得低低的额头只告诉了我们一种巨大愤怒的力量和压倒一
切的精力。"盖劳姆在解释面部表情时的意见 (1876) 更为
相左了。 他看不到什么表情，而"只有高傲的单纯，鼓舞
人心的庄严和充满生气的信仰。 摩西的眼睛望着未来，他
预见到他的人民延续下去的生存和他的法律的永恒"。 蒙茨
也同样认为 (1895)："摩西的眼光远远越过了人类，向着只
有他一个人才能看到的神秘。"确实，对于斯坦门来说
(1899)，摩西"不再是严厉的立法者，不再是用耶和华的愤

---

① 为都德的著作(1908)所引用。

怒武装着的罪恶的死敌，而是高贵的神父，岁月无可奈何他，他是慈善的预言家，额头上反射着永恒的光辉。他正在向他的人民永别"。

还有这样一些人，在他们看来，米开朗琪罗的摩西什么都没有表现，他们承认这一点也是够诚实的。这样一个批评家在1858年的《评论季刊》（第103期）中写道："在总的构思上，它缺乏意义，这样我们就排除了雕像是一个完善的整体这样一个观念……"我们更为惊讶地得悉，他们认为摩西身上没什么可令人赞赏的，他们厌恶它，抱怨形体的野蛮和头部的兽性。

那么，是否大师真在石头上刻划出了这样含糊的，或说模棱两可的线条呢？是否这么许多不同的看法都是可能的呢？

但是，另一个问题产生了，这个问题包含了第一个问题。米开朗琪罗真的想要在这位摩西身上创造一个"性格和情绪的无时间限制的习作"吗？还是在摩西生命中的一个特定时刻，一个特别重要的时刻塑造了摩西呢？大多数批评家赞同后一种意见，并且他们能告诉我们艺术家赋予这块石头永恒的生命是在他一生的哪个阶段。摩西在西奈山上从上帝手里接过了十诫板后下山，就在那时，他看见人们造了一个金牛犊，并且围着它跳舞，欢呼。这正是他的眼睛所注视着的情景，正是这个情景唤起了那刻划在他的脸部的情感——这种情感会在下一个瞬间把他的伟大精神变成猛烈的行动。作为艺术表现，米开朗琪罗选择的正是这最后一刻犹豫，暴风雨之前的平静。在下一个瞬间，摩西会跳起来——他的左脚已经从地面上抬了起来——把十诫板摔在地上，向没有信仰的人们发泄他的愤怒。

在支持这一解释的人们之中，再一次出现了许多不同的个人观点。

布克哈特写道（1927）："摩西好像表现了这样一个时刻，他看到人们崇拜金牛犊，一下子就跳了起来。刚刚开始的强有力的动作和躯体所具有的力量赋予他的形体以生命力，因此我们怀着恐惧，颤抖地期待着这一时刻。"

鲁博克说（1863）："似乎正是在这一时刻，他那闪亮的眼睛看到了崇拜金牛犊的罪恶，一个强大的内心活动迅速进入了他的整个形体。他在极度颤抖的情况下用右手抓住了他那了不起的、飘动的胡须，好像要再控制一下他的行为，只是为了接下来以更猛烈的力量爆发出他的愤怒。"

斯普林格同意这一观点（1895），但是又怀着某种疑虑，这种疑虑我们将在本文的后面加以探讨。他说："摩西为活力和热情所激动，艰难地压抑着内心的感情……这样，我们就不自觉地想到了戏剧性的场面，并且不得不相信摩西表现了他看到以色列人崇拜金牛犊后，正要愤怒得跳起来的那一时刻。确实，这样一个印象很难与艺术家的真正意图相一致，因为摩西的形象正像罗马教皇的陵墓上部的其他五个坐像一样，最初只是要求具有装饰效果。但是它相当有力地证明了摩西形体所表现出的活力和个性。"

有一两个作家实际上并不接受关于金牛犊的论断，但是他们还是承认了这个论断的主要观点，换句话说，他们认为摩西正准备跳起来采取行动。

根据格里姆的意见（1900），摩西的"形象充满了庄严、自信，和所有上天的雷声都在他的控制之下的那种感情，但在暴怒之前他控制着自己，看看他要歼灭的敌人是否胆敢对他发动攻击。他坐在那里，似乎正要跳起来，他那高傲的头颅从肩膀上昂起；胳膊下放着十诫板的那只手抓着他的胡须，波浪似的起伏的胡须在他的胸脯上下垂着，鼻孔张开，即将脱口而出的语言仿佛冲击着他的嘴唇"。

海斯·威尔逊认为（1876），摩西的注意力被惊起，他正要跳起来，但是他还在犹豫，混合着轻蔑和愤慨的目光，还有可能转变成一种怜悯的目光。

沃尔夫林说（1899），"这是一种被抑制了的行动"。沃尔夫林认为抑制出于摩西的意志，这是他采取行动和跳起来之前自我控制的最后一刻。

就雕像表现了摩西看到金牛犊时的行为来说，朱斯蒂的解释（1900）在所有的解释中走得最远。他指出了迄今为止尚未被觉察的雕像的细节，并用它们来证明自己的假设。

他让我们注意观察两块十诫板的位置——这是不寻常的位置，因为它们正要滑到石凳上去。"因此，他（摩西）可能望着一个方向，从那里传来了带着不祥之感的喧嚣，或者那里实际真是一片令人厌恶的景象，这个景象给了他猛烈的一击。 他带着恐惧和痛苦的战栗瘫坐了下来。[①] 他在山上待了四十个昼夜，他疲倦了。 恐怖、命运的巨大变化、罪恶，甚至幸福本身，都能在这一刹那被感觉到，但不是在本质上、在深度上或在结果上领悟。 在这一刹那，摩西似乎看到他的事业毁灭了，他对他的人民极度绝望。 在这一刹那，内心的感情不自觉地在一些小动作中表现出来。 他让十诫板从他的右手滑到石凳上，它们的一角滑落在石凳上，被摩西的小臂和身体的一侧压住了。 而他的手触摸到了他的胸部和胡须，由于头部转向观众的右方，胡须就被掷向左方，并且打破了男性装饰的对称。 看上去他的手指仿佛在抚弄他的胡须，就像现代人在焦虑不安时抚弄他的表链一样。 他的左手埋在覆盖着他身体下部的长袍里——在《圣经·旧约》中，内脏是感情的所在地——但是左腿已经缩了回去，右腿伸向前面；接下来，他会跳起来，他的精神力量会把感情变成行动，他的右臂会动起来，十诫板会落到地

---

① 人们会说，坐像膝上覆盖的斗篷经过了如此仔细的处理，这就使朱斯蒂观点的第一部分失去了意义。相反，这也会使我们想到摩西被表现为坐在这里安静地休息，直到他被某个突然发生的感觉所惊起。

上，罪恶的亵渎将在血泊中得到报应……这还不是行为的紧张时刻。精神痛苦仍然控制着他，并且几乎麻痹了他。"

科纳普持同样的观点（1906），只是他没有提起描述开始时的那个疑点，[①]并且把关于滑动的十诫板这一想法更推远了一步。"正当他和上帝单独在一起时，他的注意力却被世俗的声音扰乱了。他听到了喧闹声，歌舞的喧闹声把他从梦中惊醒，他的眼睛和整个头部都转向发出喧嚣的地方。在这一瞬间，恐惧、愤怒和难以抑制的激情流过他巨大的身躯。十诫板开始滑落下来，当他跳起来把他的话语像愤怒的惊雷扔在堕落的人民中间时，十诫板就会落在地上摔碎……这正是艺术家选中的高度紧张的一刻……"因此，科纳普强调准备行动的成分，不同意雕像所表现的正是过分的激动造成最初的抑制这个观点。

在朱斯蒂和科纳普所作的这类解释的尝试中有一个特别吸引人的东西，这一点是不能否定的。这是因为他们的分析并不止于形象的一般效果，而是以形象的一些个别特征为依据；我们常常忽视这些东西，因为我们为雕像的整体印象所压倒，好像被整体印象麻痹了似的。头部和眼睛明显地转向左边，而身体却朝着前面，这就支持了处于休息状态中的摩西突然在那个方向看见了吸引他的注意力的那个什么

---

① 参考前面的注释。

东西的观点。 抬脚只能意味着他准备跳起来。[①] 持十诫板的极为特殊的方法（因为十诫板是最神圣的东西，不能像任何普通的附属物那样放进这件作品）由于我们假设它们向下滑并会掉到地上是因为摩西激动的结果而得到充分说明。根据这一观点，我们认为雕像表现了摩西一生中的一个特殊和重要的时刻，并且我们将彻底弄清楚这一时刻的意义。

　　但是，都德的两条意见又会打消我们以为获得了的认识。 这个批评家说，在他的眼里，十诫板并没有下滑，而是稳固地放在那儿。 他认为，"右手以平静、稳固的姿势放在静止的十诫板上"。 如果我们亲自去寻找这些特征，我们就不能毫无保留地认为都德是正确的。 十诫板放得很稳固，没有下滑的危险。 摩西的右手扶着它们，或者说它们撑着他的右手。 这并不说明这种持十诫板的姿势是准确的，但是这种姿势不能用来支持朱斯蒂和其他人的解释。（见都德的著作 [1908] ）

　　第二个观察更有决定意义。 都德提示我们："这个雕像是计划中的六个雕像里的一个，在计划中就是坐像。 有两个事实与认为米开朗琪罗想表现一个特殊的历史时刻的观点相矛盾。 因为第一，表现人类——作为能动的生命和静观的生命的人类——典型的一排坐像的设计排斥对一个特定的

---

① 尽管美第奇教堂中朱利亚诺平静的坐像的左脚似乎从地面上抬了起来。

历史事件的表现。 第二，表现坐着的姿势——这个姿势被整体的永久性作品的艺术观所制约——与这一事件的本质相矛盾，换句话，与摩西下西奈山进入营地相矛盾。"

如果我们接受都德的反对意见，我们就会发现，我们还可以增强他的说明力。 摩西雕像与其他五个雕像（或者根据一份后来的草图是与其他三个雕像）是用来装饰陵墓底座的。 和摩西对应着的雕像原计划是保罗。 另一对，用利亚和拉结的形象表现能动的生命和静观的生命，确实，这两者是立像，它们被雕塑在陵墓上，现在，仍然表现着它们那可悲的未完成的形状。 这样，摩西就形成了整体的一个部分，我们不能想象出，这个雕像是要在观众心里唤起一种感觉：它正从座位上跳起来，为了自己的利益冲出去制造一场骚乱。 如果其他的雕像并没有表现出马上要采取猛烈的行动——它们好像完全不可能——那么，摩西的雕像就会给我们一个很坏的印象，因为它们中的一个会使我们想到，它要离开它的位置和它的伙伴，实际上是放弃它在总体配合中的作用。 这样一个意图会产生混乱的效果，我们不能让伟大的艺术家承担这一责任，除非事实迫使我们这样做。 处在马上离开的行动中的形象必定改变陵墓要在我们心里唤起的那种精神状态。

因此，摩西的形象不能被看作跳起来的形象，他必须被看作保持着崇高的宁静的形象，就像其他几个雕像和计划中的罗马教皇（但是这个雕像没有被米开朗琪罗本人完成）一样。 另一方面，我们面前的雕像不可能是那个充满了愤怒的人，那个从西奈山上下来，发现他的人民毫无信仰，之后就把圣十诫板摔在地上，摔个粉碎的摩西。 确实，当我第一次访问温科利的圣彼得教堂时，我常常坐在雕像的前面沉浸在一种希望之中，希望我会马上看见它如何用已经跷起来的脚站起来，把十诫板摔在地上，爆发出它的愤怒，我还回忆得起这种希望的破灭。 这类事情并没有发生。 相反，石像变得越来越宁静，从它那里看到几乎令人难以忍受的庄严的宁静，我不得不认为这里表现的东西丝毫不会改变；这个摩西将永远这样怀着愤怒坐下去。

但是，如果我们放弃了雕像表现摩西看到金牛犊以后刚要发怒的解释，我们只好毫无选择地接受那个认为摩西是某个性格的习作的假设。 都德的观点好像最少任意性，并且与雕像的运动意义关系最为密切。 他说："像以往一样，他（米开朗琪罗）在这里关心的是表现某个典型性格。 他创造了人类热情的领袖的形象，这个人意识到了他作为立法者的神圣使命，并且遭到了人们愚昧的反对。 表现采取这类行动的人的唯一方法是强调他的意志和力量，而做到这一点只有描绘充满他全部表面的平静的动作，就像我们在他的头部的扭动、肌肉的紧张和他左脚的位置中看到的一样。 我们在佛罗伦萨的美第奇教堂中的朱利亚诺身上又一次发现同样的显著标记。 强调这样一个天才的改革者和其他人之间必然发生的冲突，会进一步加强形象的这个一般性格。 愤怒的感情、轻蔑和痛苦是他身上典型的特征。 没有这些特征就不可能表现这类超人的本质。 米开朗琪罗创造的不是一个历史的人物，而是一个体现了制服冥顽世界的永不衰竭的内在力量的典型性格。 他不仅赋予了《圣经》中叙述的摩西以形式，而且也赋予了他个人的内在经验，以及他对尤里乌斯二世的个性的印象——我相信是这样——还有对萨伏那洛拉的永久性冲突的潜在根源的印象以形式。"（见都德的著作 [1908] ）

这个观点可能与克纳克弗斯的论述有关系，克纳克弗斯认为（1900），摩西所产生的效果的巨大秘密在于他的内部激情与外部平静的艺术冲突。

就我而论，我看不出有什么理由反对都德的解释，但是我感到他的解释有某些不足之处。 也许还需要揭示人物的姿态中所表现的精神状态与上述"外部"平静和"内部"激情之间的冲突的密切关系。

二

在我有机会听说精神分析学的很久以前，我听说有一位俄国的艺术鉴赏家伊万·莱蒙列耶夫，①他在欧洲艺术界引起了一场革命，他对许多美术作品的作者该是谁的问题提出质疑，他阐明应怎样准确地区别原作和复制品，并且为这些作品提出了假设的艺术家，因为这些早先被认为的作者已不能使人相信了。 为了达到这一目的，他坚持不去注意作品的总的印象和主要特征，而强调次要细节的意义，强调指甲、耳垂、光环这类不值得考虑的琐碎之处的意义，因为复制者忽视对这些东西的摹仿，而每一个艺术家都是用他自己的独特方法去表现它们的。 后来，我又怀着极为浓厚的兴趣得知一个艺术鉴赏家——名叫莫莱里的意大利医生，他用这个俄国的假名来掩盖自己的身份，当时他还是意大利王国的参议员。 他死于 1891 年。 在我看来，他的研究方法与精神分析学的技术极为接近。 它也善于从被人轻视和不受重视的特征上，从似乎是我们观察以后的垃圾堆上来发现秘密和掩盖着的事情。

目前，在摩西形象中的两个地方有某些细节迄今为止不仅未受注意，事实上甚至没有被恰当地描述过。 它们是他右手的姿势和两块十诫板的位置。 我们可以说，这只手在十诫板和充满愤怒的摩西的胡须之间构成了一个特别独特的和不自然的环节，一个需要加以说明的环节。 摩西是这样

---

① 他的第一篇文章（用德文写的）发表于 1874—1876 年。

被人描述的，手指插入胡须，抚弄着一簇胡须，同时，手的外边放在十诫板上。 但是，情况显然不是这样。 需要更加仔细地检查右手手指的动作，更细致地描述手指所接触的一大部分胡须。

有些事情是我们目前十分清楚地知道的：拇指被掩盖了，食指单独与胡须有明显的接触。 食指如此有力地插入了柔软的胡须，以至于手指两边的——亦即接近头部和接近腹部的——胡须都凸出于手指之上。 另外三个手指撑在胸壁上，第二指节是弯曲的，这三个手指几乎没有接触从它们旁边垂下来的一簇胡须的右端。 它们仿佛是从胡须里抽出来了似的。 因此，说右手抚弄胡须，或者右手插进胡须是不正确的。 最简单的事实是，食指放在一部分胡须上，并且在上面压出了一条深沟。 无可否认，用一个手指压着胡须，这是一个不寻常的姿势，也是一个不容易理解的姿势（见附图四）。

摩西那十分令人羡慕的胡须从他的两颊、下巴和上唇垂落下来，从上到下一直保持着界线分明的一股股波浪起伏的形状。 其中最右侧的一股，从脸颊上长出来的胡须垂向朝里压着的食指，被食指留住了。 我们可以想象，这股胡须是从食指和被它掩盖着的拇指之间向下垂落的。 左侧对应的一股胡须实际上毫无阻碍地下垂过了他的胸部。 左边一股的内侧，也就是在它与中心线之间的部分，有一股粗大的

附图四

胡须受到了最不寻常的处理。 它并没有跟着头部转向左边，它松宽地旋转着，构成了胡须右内侧几股上的漩涡饰的一部分。 这是因为它被右手食指牢牢地压住了，虽然它长在脸的左侧，实际上是全部左边胡须的主要部分。 这样，由于头部明显地左转，大部分胡须就被拉向身体的右边。在右手食指压迫着的地方就形成了一个胡须的涡；从左边垂下来的几股胡须盖过从右边垂下来的几股胡须，这两股胡须都被专横的手指抓住了。 只有经过这个地方，被扭曲了的胡须才重又自由自在地垂落下来，它们垂直地落下来，直到摩西膝盖上张开的左手拢住了它们的末端。

　　我并不以为我的描述十分清晰，也不敢奢望雕塑家真的是让我们来解开雕像胡须之结的谜。 但是撇开这些不谈，事实是右手食指的压迫动作主要影响了从左面垂下来的几缕胡须，并且，这一斜拉的动作阻止了胡须随着头部和眼睛转向左边。 现在，我们可以提出问题了，这个处理意味着什么？ 这个处理的动机又是什么？ 如果确实是因为考虑到线条和空间的设计，雕塑家才把大量下垂的胡须拉向朝左面看着的雕像的右边，那么用一个手指来完成这一任务是多么明显地不恰当啊！ 并且，什么样的人才会由于某种理由而把胡须拉向另一边的时候，会心血来潮地用一个手指把一半胡子压在另一半之上呢？ 还有，是否实际上这些微不足道的细节毫无意义呢，而我们绞尽脑汁去考虑的事情对它们的创作者来说是毫不重要的呢？

但是让我们进一步假设，甚至这些细节也是有意义的吧。 这里有一个办法可以排除我们的困难，解决我们的问题，并且提供一个新的意义。 如果摩西胡须的左侧压在他的右手手指之下，我们也许可以把这个姿势作为他的右手和左半边胡须之间的接触的最后阶段，这个接触曾是在选择来表现的这一姿势之前的某一时刻的最关键的一个姿势。 也许他的手曾经用大得多的力气抓着他的胡子，也许他的手到达过胡须的左边，在回到雕像表现出的姿势的时候，他的手就带回了一部分胡须，这些胡须证实了刚刚发生的这一动作。 环状的胡须就这样表明了这只手的路线。

这样，我们就将推断出这里有一个右手的后退动作。这一假设必然会引出其他一些假设。在想象中，我们可以使一个场面完整，胡须的形迹所证明的这一动作是这个场面的一部分；我们很自然地回到一个假设上去，根据这个假设，静坐的摩西被喧闹的人们和金牛犊的情景惊起。他最初是静静地坐在那儿，我们猜测，他的头部和飘垂的胡须朝着正面，他的手很可能没接近到胡须。突然，喧嚣刺激了他的耳膜，他的头和眼睛转向了骚乱的声音传来的地方，看到了这一情景心里就明白了。现在，他愤怒得不能自已了，他想一跃而起，惩罚这些恶人，把他们消灭干净。他的狂怒——当时尚远离它的对象——同时以一个手势指向了他自己的身体。他那无法忍耐的手就要行动了，就抓住了他那随着头部的转动而移动的胡子，他用拇指和手掌握住胡须，紧闭着的手指牢牢地捏住了它。这是个充满力量和激情的姿势，使我们想起了米开朗琪罗的其他作品。但是这时发生了一个变化，至今我们还不知道这个变化是怎样发生和为什么发生的。这只向前伸出并插进胡须里的手急忙抽了回来，紧握着的手松开来，手指也松开了握住的胡须，但是这些手指在胡子里插得太深了，当它们抽回时就把一大撮左边的胡须带到右边来了，由于这只手的最长也是最上面的一个手指的重量，这一撮胡须就盖在了右边的胡须的上面。这个新的位置就是现在保留下来的形象，只有根据前一个位置才能得到理解。

现在是停下来深思一番的时候了。 我们假定右手最初是远离胡须的；然后，在强烈的情感紧张状态下伸向身体的左边抓住了胡须；最后又重新抽回来，带着一部分胡须。 我们安排这只右手就仿佛我们能对它随意支配一样。 但是我们可以这样做吗？ 这只手确实是这么自由吗？ 它就一定不是握着或扶着十诫板吗？ 像这样的一些假设的过程不是要被手的重要功用抑止了吗？ 更进一步，如果使手离开了最初的位置的动机如此强大，那么使它往回缩的原因又是什么呢？

这些的确是一些新的难题。 不可否认的是右手要对十诫板负责，而且，我们也无意说明我们加给这只手的后退动作。 但是，是否两个难题可以一块儿解决呢，是否它们只是在当时表达了一个清楚而又连贯的事件顺序呢？ 如果恰恰是发生在十诫板上的事情说明了手的动作呢？

如果我们参阅图八（见本书第 158 页）的画法，我们就会看到十诫板所表现出的一个或两个显著的特征迄今尚未引起注意。 人们说，右手放在十诫板上，或者说右手支撑着它们。 我们立刻可以看到两块并排的长方形板立在同一个角上。 如果我们观察得再仔细一些，我们还会注意到下面的边呈现出与上面的边不同的形状。 上面的边向前倾斜着。 上面的边是直的，而下面的边在最靠近我们的部分有一个角状的隆起，十诫板十分清楚地是用这个隆起的角状接触着石凳的。 这个细节的意义是什么呢？[①] 几乎不用怀疑，这个隆起是表明它原来是在十诫板的上边。 只是在这类长方形板子的上边才刻上曲线或槽。 因此，我们看到的是十诫板颠倒放着了。 这种处理如此神圣的物件的方法是极为独特的。 十诫板头脚倒置，实际上是靠一个角来保持平衡。 在形式上考虑到什么，米开朗琪罗才对十诫板做了这样的处理？ 或者说，这个细节对艺术家来说是否也不重要呢？

我们开始猜想十诫板处于现在的位置也是作为先前一个动作的结果，而这个动作是我们假定的右手位置变化的结果，反过来又使这只手跟着往后撤。 手和十诫板的动作是可以用这种方法协调起来的：摩西最初的形象是安静地坐着，右臂垂直地夹着十诫板。 右手握着十诫板的下边，并在十诫板的前部找到一个凸出物来把握住（这就使十诫板容易把握，这一事实足以说明十诫板所处的颠倒位置）。 然后，骚乱打破了摩西的平静。 他扭头向骚乱发生的方向望去，当他看到那个景象，他抬起脚准备跳起来，他的手放开了十诫板向左边伸去，并又往上插进了他的胡须，仿佛要把他的狂暴转向自己的身体。 现在，十诫板只是由他的胳膊来压住了，胳膊和他身体的一侧夹着十诫板。 但是夹得不牢，十诫板向前往下滑了下来，原来呈水平状态的上边现在

---

① 顺便提一下：在维也纳美术研究院的收藏品中，用大型石膏模型复制出来的这个细部完全走了样。

开始向前往下移动；下边缺少了支撑，结果它的前角接近了石凳。 再下一刻，十诫板就会在新的支撑点上移动，最上边的部分就会碰到地面，摔个粉碎。 为了防止这种情况，右手才撤回来，放开了胡须，却无心地带回了一部分胡须，及时按住了十诫板的上边近后角之处，现在这个角的位置变得最高了。 这样，胡须、手和倾斜的十诫板所组成的整体的奇特的紧张气氛，就可以上溯到手的一个猛烈的动作和这个动作的自然结果。 如果我们想要还原这些暴风雨般的动作，我们必须抬起十诫板的上前角，并把它向后推，这样就把十诫板的下前角（有隆起部分的那个角）抬离石凳；然后放下右手，使它托住现在已经恢复水平状态的十诫板的下边。

附图五

附图六

附图七   附图八

　　我请一位艺术家画了三幅图来说明我的意思。 图七再现了雕像的实际状态；图五和图六表现了我所假设的这一过程的前两个阶段——第一幅是平静的阶段，第二幅是高度紧张的状态，摩西正准备一跃而起，手中握着的十诫板放开了，十诫板于是开始向下滑。 现在值得注意的是，凭想象画出来的这两个姿势证明了先前作家们所做的描写是错误的。 米开朗琪罗的同时代人孔迪维说："希伯来人的领袖和导师摩西以沉思中的圣人的姿势坐在那儿，右胳臂下夹着十诫板，左手支撑着前倾的下巴，像疲惫不堪又充满烦恼的人一样。"在米开朗琪罗的雕像中看不到这样的姿势，但是它几乎精确地描绘了图五所依据着画出来的那种看法。 鲁博克和其他批评家写道:"他在极度颤抖的情况下用他的右手抓住了他那了不起的、飘动的胡须。"如果我们观察真正的雕像的复现,他的话是错误的,但就第二幅草图(图六)来说,这些又是对的。 朱斯蒂和科纳普观察到的则是——正如我们已经看到的——十诫板即将下落,处于被摔碎的危险之中。 都德纠正了这些观点,他说十诫板被牢牢地握在右手中;如果他所说的不是雕像的本身而是我们重新设计的动作的中间阶段,那么,他的话是正确的。 似乎他们已经使自己从雕像的视觉形象前解脱出来,无意识地开始了对形象背后的动力作了分析,这一分析使他们得出了和我们更有意识地、在更明确的情况下得出的一样的主张。

三

我相信,现在我们可以来收割我们努力的果实了。 我们已经看到感受到雕像影响的人都觉得不得不这样来解释这座雕像:摩西看到人民丧失了主的恩宠,围绕着偶像跳舞,面对这一情景他怒火中烧。 但是这个解释必须抛弃,因为它使我们期望着接着就会看到摩西一跃而起,摔碎十诫板,完成报复的任务。 这样一个想法与这座雕像的创作意图不和谐,与三个(或五个)坐像——尤里乌斯二世陵墓的一部分——也不和谐。 现在我们可以重新采用自己放弃了的解释，因为我们重新设计的摩西既不会跳起来，也不会扔掉十诫板。 我们看到的不是狂暴行为的开始，而是已经发生了的动作的最后部分。 在他第一阵不能自己的狂怒中，摩西想要行动，想跳起来报复，也就忘掉了十诫板；但是他克服了这个诱惑，他现在仍旧安静地坐着，处于凝固了的愤怒之中，处于混合着轻蔑的痛苦之中。 他也不会扔掉十诫板，让它们在石头上摔个粉碎，因为正是由于十诫板，他才控制了自己的愤怒，为了保护十诫板，他压抑了自己的冲动。在愤怒得失去控制时，他忘掉了十诫板，握着十诫板的手抽了出来。 十诫板开始向下滑，处在摔个粉碎的危险之中。这使他恢复了理智。 他回忆起了他的使命，为了这个使命，他控制了激情的暴发。 他的手收回来，在失去支撑的十诫板就要掉在地上之前把它扶住了。 正是在这一时刻中，他被固定下来了，米开朗琪罗在守陵人摩西身上所描绘的也正是这一形象[1]。

这个雕像从上至下展现了三个不同的感情层次。 脸部线条表现了占优势的感情；形体中部显示了被压抑的行为的

---

[1] 欧内斯特·琼斯认为，由于阿德勒和荣格持不同观点，弗洛伊德才在一定程度上卷进了对表现在米开朗琪罗的雕像上的感情的分析工作，这种态度在他写作这篇论文之前的一个时期一直有力地控制着他的思想。当然，弗洛伊德对历史人物摩西的兴趣在他最后发表的著作《摩西与一神教》(1939)中也有表现。

痕迹；脚仍然保持着准备行动的姿势。仿佛控制力是从上向下得以实现的。到现在为止，我们还没有谈到过左臂，它似乎也需要我们做一番解释。这只手温和地放在膝上，好像爱抚地握着飘垂下来的胡须的末端。它仿佛想要抵制这股狂怒——正是充满了这股狂怒，另一只手在片刻之前狠狠抓住了胡须。

但是这里会有人反对说，这毕竟不是《圣经》里的摩西。因为《圣经》里的摩西实际上是怒火勃发，把十诫板摔个粉碎。这个摩西肯定是一个完全不同的人，一个艺术家所构思的新摩西；这样，米开朗琪罗肯定胆大妄为地修改了《圣经》，伪造了这位圣人的性格。我们能否认为他真是这样大胆？如果真是这样，这几乎可以说是一个接近亵渎的行为了。

《圣经》中描写摩西在金牛犊场景中的行为的一段是这样的："《出埃及记》xxxii……(7)耶和华吩咐摩西说，下去罢，因为你的百姓，就是你从埃及地领出来的，已经败坏了。(8)他们快快偏离了我所吩咐的道，为自己铸了一只牛犊，向他下拜献祭说，以色列啊，这就是领你出埃及地的神。(9)耶和华对摩西说，我看这百姓真是硬着颈项的百姓。(10)你且由着我，我要向他们发烈怒，将他们灭绝，使你的后裔成为大国。(11)摩西便恳求耶和华他的上帝，说，耶和华啊，你为什么向你的百姓发烈怒呢？这百姓是你用大力和大能的手，从埃及地领出来的……

"(14)于是耶和华后悔，不把所说的祸降与他的百姓。(15)摩西转身下山，手里拿着两块法板，这板是两面写的，这面那面都有字。(16)是上帝的工作，字是神写的，刻在板上。(17)约书亚一听见百姓呼喊的声音，就对摩西说，在营里有争战的声音。(18)摩西说，这不是人打胜仗的声音，也不是人打败仗的声音，我所听见的，乃是人歌唱的声音。(19)摩西挨近营前，就看见牛犊，又看见人跳舞，便发烈怒，把两块板扔在山下摔碎了。(20)又将他们所铸的牛犊，用火焚烧，磨得粉碎，撒在水面上，叫以色列人喝……

"(30)到了第二天，摩西对百姓说，你们犯了大罪，我如今要上耶和华那里去，或者可以为你们赎罪。(31)摩西回到耶和华那里说，唉！这百姓犯了大罪，为自己作了金像！(32)倘或你肯赦免他们的罪……；不然，求你从你写的册上涂抹我的名。(33)耶和华对摩西说，谁得罪我，我就从我的册上涂抹谁的名。(34)现在你去领这百姓，往我所告诉你的地方去，我的使者必在你前面引路，只是到我追讨的日子，我必追讨他们的罪。(35)耶和华杀百姓的缘故，是因为他们同亚伦作了牛犊。"①

靠着现代的《圣经》批评的指引，来读上面这段话，必

---

① 在原文中，弗洛伊德为他"使用了路德的译文这一时代错误"而表示了歉意。此处引用的是定本。

然会发现证据，证实这段话是由各种来源的资料笨拙地撮合在一起的。 在第 8 节里，耶和华自己告诉摩西，他的百姓偏离了道，为自己造了一个偶像；而摩西却为这些罪人求情。 他对约书亚说话的样子却好像他对这件事一点儿也不知道（第 18 节），当他看到崇拜金牛犊的场面时又突然怒火中烧了（第 19 节）。 在第 14 节里，他已经为有罪的百姓求得了耶和华的赦免，在第 31 节里，他再度上山乞求赦免，向耶和华诉说百姓的罪恶，并且向耶和华保证要延缓惩罚。 第 35 节讲述耶和华惩罚了他的百姓，关于这件事的更多情况却什么也没说，反而在第 20 节到第 30 节里描写了摩西所施的惩罚。 众所周知，《圣经》的历史部分——古代以色列人出埃及的论述——充满了刺眼的不协调和矛盾。

在文艺复兴时期，对于《圣经》的文本自然没有人持这样的批评态度，他们不得不把它作为一个连贯的整体来加以接受，结果文本所谈到的这一段就不是艺术表现的合适主题。 根据《圣经》，摩西已经知道了百姓的偶像崇拜，并且请求神的仁慈和宽恕；然而当他看见金牛犊和跳舞的人群时，他就被突发的暴怒所驱使。 因此，当我们看到艺术家在表现摩西于痛苦的震惊中作出反应时，从内在动机出发而背离了《圣经》，我们并不感到惊讶。 而且，在分量更轻一些的借口下背离了《圣经》的文本，对艺术家来说也决不是违反常规和不能被允许的。 帕尔米贾尼诺的名画——此画保存在他的故乡——描绘了摩西坐在山顶上，把十诫板往地上猛摔，尽管《圣经》上清楚地写到他"在山下"摔碎了十诫板。 甚至坐着的摩西形象在《圣经》中也找不到根据，坐像似乎反倒证明了那些批评家的观点，他们认为米开朗琪罗的坐像并不是想记录下预言家（摩西）一生中的某一特定时刻。

按照我们的推测，比米开朗琪罗背离《圣经》文本更为重要的是他对摩西性格所做的改变。 传说中的摩西性子很急，也会受突发激情的驱使。 在受到这类神圣的愤怒冲击时，他会杀死虐待以色列人的埃及人，并且从这块国土上逃到荒野里去；在同样的激情之中，他会把神所赠予的十诫板摔碎。 记录这样一个性格时，传说是不会有什么偏见的，它保留了对一位曾经生活过的伟大人物的印象。 但是米开朗琪罗把另一个摩西放在教皇的陵墓上了，这个摩西比历史上和传说中的摩西更高一筹。 他更改了摔十诫板的主题，他不让摩西在愤怒中把它们摔碎，而是让他意识到十诫板有被摔坏的危险，并为这种意识所动，让他平息怒火，无论如何要防止它变成行动。 米开朗琪罗用这样的方法为摩西的形象增添了一般人所不具有的某些更新、更丰富的东西，所以巨大的身躯以及强大的肌肉力量，都变成了在一个人身上所能达到的高度精神成就的具体体现——那是为了一个他已为之献身的目标，成功地战胜了内心的激情。

我们现在结束了对米开朗琪罗的雕像的解释，尽管有人还要问，是什么动机刺激了雕塑家选择摩西的形象——改动如此巨大的摩西——作为尤里乌斯二世的陵墓的装饰呢？在许多人的眼里，这些动机应该在教皇的性格和米开朗琪罗与他的关系中去寻找。尤里乌斯二世在这一点上与米开朗琪罗一样，即希望实现一些宏伟的目标，特别是实现一个雄图。他是一位实干家，他有一个明确的目标，这就是在教皇至高无上的权力之下统一意大利。他渴望通过异己力量的联合一手造就这次统一，而不必需要几个世纪；他怀着急切的心情独自工作，因为他只能在他有统治权的短时间里工作，他使用了暴力手段。他能把米开朗琪罗作为和自己同类型的人来欣赏，但是他又常常因为突然发怒而对别人根本不加考虑，使米开朗琪罗感到痛苦。艺术家在自己身上看到了意志——同样狂暴的力量，作为一个更为内省的思想家，他可能还预感到了他和教皇命中注定要遭受失败。因此，带着对死去的教皇的谴责，也作为对自己的警告，他把他的摩西雕在教皇的陵墓上。在这样的自我批评中，他超越了自己。

四

1863 年，英国人沃基斯·劳埃德写作、出版了一本专门论述米开朗琪罗的摩西的小册子。 我弄到了这本四十六页的小册子，怀着复杂的心情阅读了它。 我再次获得一个机会，从自己的内心体验到，所谓毫无价值的和幼稚的动机常会进入我们的思想，甚至效力于严肃的事业。 我的第一个感觉是快然，作者早就发现了许多为我所珍视的思想，而我珍视这些思想是因为它们是我努力的结果；只是接下来，由于它出乎意料地证实了我的观点，我这才感觉到快乐。 但是，在一个最重要的地方，我们分道扬镳了。

劳埃德首先论述了人们往常对雕像的描写是不正确的，摩西并没有想要站起来，[①]他的右手并没有抓住胡须，而只是食指单独放在了胡须上。[②] 劳埃德还认识到——这一点更为重要——这样表现的姿态只能用假设的前一个姿态，亦即并没有表现出来的那个姿态来说明，把左边的一簇胡须拉到右边来意味着右手和左边的胡须在前一时刻有着紧密的和更自然的接触。 但是，他提出了另一个方法来重新设计这个肯定需要设想的更早些时的接触。 根据他的观点，并不是手插进了胡须，而是胡须曾经就在手此刻放着的地方。 他说，我们必须想象，在受到突然干扰之前，雕像的头部是转

---

① "但是他没有起来，或者没有准备起来；胸部挺直，并没有为了这样一个动作挺身向前改变身体的平衡……"（劳埃德的著作，1863）
② "这个描述全然错了。这几缕胡须被右手捋住了，但是它们并没有被握住，也没有被抓住，被圈住或者被捏住。它们甚至只被捋住了一瞬间，它们马上就要被放弃了。"

向右边的，就在像现在一样握着十诫板的手的上方。　十诫板对手掌的压力使得手指在飘垂的胡须下面自然地伸开，头部突然左转导致部分胡须瞬间被静止的手所勾留，形成了一个胡子的环，这个环被看作雕像行动过程的记号——用劳埃德的话说，雕像"觉醒"过程的记号。

否定了其他的可能性，即右手和右边的胡子在以前是有接触的，劳埃德的这个考虑（他让自己为这个考虑所左右）显得与我们的解释多么相近。　他说，对于预言家（摩西）来说，即使在十分激动的情况下，也不会伸出手去把他的胡须拉到右边来。　因为在那种场合下，他的手指就会处于完全不同的姿势中；而且，这样一个动作就会使十诫板向下滑，因为它们只是被右臂的压力支撑着的——除非在最后一刻，摩西努力去保住它们。　我们认为，它们"被如此笨拙的一个姿势抓住，这样想象的本身也是亵渎的行为了"。

很容易看出作者忽视了什么。　他正确地解释了胡须的反常形状，表明还有一个先前的动作，但是他忽略了把这同一个解释应用于十诫板位置的同样不自然的细节中。　他只检查了与胡须有关的事实，而没有检查与十诫板有关的事实，他把十诫板的位置看成一成不变的了。　这样，他就堵塞了通往和我们达成一致的道路，我们认为，通过审查某些不重要的细节，才能达到对作为整体的形象的意义和意图的出乎意料的解释。

但是，要是我们两个人都走上了一条错误的道路，又怎样呢？要是我们对那些对艺术家来说毫无意义的细节，采用了过分严肃和过分深奥的观点，而这些细节只是被艺术家相当武断地使用了，或者他仅是为了形式上的理由而加以使用了，却根本没有什么隐秘的意图，又怎样呢？要是我们同众多的解释者一样，以为我们相当清楚地看到了一些东西，而这些东西是艺术家在有意识的情况下，或者在无意识的情况下都没有想到要表现的，又怎样呢？我说不上来。我说不出是否有理由相信米开朗琪罗——在他的作品中那么多思想力求得到表现——曾带着这样一种对精确性的要求，尤其是，是否讨论中出现的雕像的这些惊人和独特的特性能够确定下来。最后，我们也许能满怀谦逊地指出，艺术家和解释者一样应该对围绕着作品的晦涩负责。米开朗琪罗经常在他的创作中达到艺术表达的最高限度。如果在摩西的雕像中，他的目的是要创造一种猛烈暴发的激情过程——这种过程是在随后而来的平静的痕迹中依稀可见的，那么他也许已获得了完全的成功。

附录

关于《米开朗琪罗的摩西》

我的论文《米开朗琪罗的摩西》于 1914 年匿名发表在

《意象》杂志上，几年以后，欧内斯特·琼斯博士非常友好地给我寄来一份 1921 年 4 月号的《伯林顿杂志》，这份杂志又一次引起了我对我最初提出的雕像解释的兴趣。 这期杂志刊登了 H. P. 米歇尔为十二世纪的两座铜像所写的短文，这两座铜像现今保存在牛津的阿什莫尔博物馆，据说是当时杰出的艺术家凡尔登的尼古拉所创作的。 在靠近维也纳的图尔奈、阿拉斯和克洛斯特新堡，保存着他的其他作品；科隆的三王神殿被公认为是他的杰作。

米歇尔所描绘的两座雕像中的一座（见附图九）稍高于九英寸，被人认为毫无疑问是摩西像，因为他手里拿着两块十诫板。 这个摩西也是坐像，裹在一件飘拂的长袍里。 他的面部表现出强烈的愤怒，也许还混杂着悲哀；他的手握着他那长长的胡须，手掌和拇指像钳子一样夹住一缕缕的胡须。 这就是说，他创作的这个姿势正是我几年前的那篇论文的附图六所假设的姿势，这个姿势也正是米开朗琪罗赋予摩西的那个姿势的开始阶段。

看一眼附图就可以知道相隔三个多世纪的两个作品之间的主要区别。 洛林的艺术家尼古拉所塑造的摩西，用左手握着十诫板的上边，十诫板放在他的膝上。 如果我们把十诫板移到他身体的另一边去，放在他的右臂之下，我们就会得到米开朗琪罗的摩西的最初姿势。 如果我们的观点——手插进胡须——是正确的，那么，1180 年的摩西就显

附图九

示了他感情爆发的一个瞬间；而温科利的圣彼得教堂中的雕像则表现了他狂怒过后的平静。

我认为，这个新的证据增强了我在 1914 年提出的解释的正确性。也许某个艺术鉴赏家能够填补上凡尔登的尼古拉所创造的摩西与意大利文艺复兴时期的大师所创造的摩西之间由时间所造成的沟壑，而他只有通过告诉我们一个属于这中间阶段表现摩西的作品才有希望做到这一点。

精神分析在美学上的应用

（1917）

译者按：本文节选自弗洛伊德的《精神分析引论》(1916—1917)。标题为译者所加。

精神分析令人满意地解释了有关艺术和艺术家的某些问题；但是这个领域中的另一些问题却完全没有得到解释。在艺术活动中，精神分析一再把行为看作想要缓解不满足的愿望——这首先体现在创造性艺术家本人身上，继而体现在听众和观众身上。 艺术家的动力，与促使某些人成为精神病患者和促使社会建立它的制度的动力是同一种冲突。 因此，艺术家获得他的创造能力不是一个心理学的问题。 艺术家的第一个目标是使自己自由，并且靠着把他的作品传达给其他一些有着同样被抑制的愿望的人们，他使这些人得到同样的发泄。[1] 他那最个性化的、充满愿望的幻想在他的表

----

[1] 参见兰克的著作(1907)。

达中得到实现，但它们经过了转化——这个转化缓和了幻想中显得唐突的东西，掩盖了幻想的个性化的起因，并遵循美的规律，用快乐这种补偿方式来取悦于人——这时它们才变成了艺术作品。 精神分析根据艺术享受这一明显作用，毫不困难地指出了隐藏着的本能释放这个源泉，它虽潜伏着却越来越显得有力。 一方面是艺术家在童年时期与其后的生活历史所得的印象，另一方面是他的作品——这些印象的创作，这两者之间的关系对精神分析的审查来说是一个最有吸引力的问题。[1]

至于其他，艺术创作和欣赏的大部分问题有待于进一步研究，精神分析学的知识将有助于解决这些问题，并且在补偿人类愿望的复杂结构中标出它们的位置。 艺术是一个习惯上被接受的现实，在这个现实中——感谢艺术家的想象——象征和替代能够唤起真正的情感。 这样，艺术就构成了阻挠愿望的实现和实现愿望的想象世界之间的中间地带——我们认为在这个中间地带，原始人为无限权力所进行的斗争仿佛依然充满着力量。

---

[1] 参见兰克的著作(1912)。关于精神分析在美学问题上的应用,也可参见我的《开玩笑及其与无意识的关系》(1905)。(又可参见弗洛伊德所写的关于列奥纳多[1910]和关于米开朗琪罗[1914]的研究文章。)

论幽默

（1927）

《标准版全集》编者按：这篇译文是发表于 1950 年译文的修订本。

本文是弗洛伊德在 1927 年 8 月第二个星期的五天中写成的（见琼斯：《弗洛伊德传》，1957）。9 月 1 日，在因斯布鲁克的第十届国际精神分析学会议上，安娜·弗洛伊德代表他宣读了这篇文章。同年秋季，此文首次发表在精神分析学的《年鉴》上。

本文是与《开玩笑及其与无意识的关系》(1905)一书的出版相隔了二十多年之后，又回到了该书的最后一章所讨论的主题。现在，弗洛伊德用崭新的关于人类精神结构的观点来对它进行了考察。一些有趣的心理玄学观点在文章后部分的几页中显露了出来，我们第一次发现，超我具有一种和蔼可亲的情绪。

实际上，我在题为《开玩笑及其与无意识的关系》一书中仅仅从感情消耗的节约的角度考察了幽默。我的目的是要发现从幽默中获得快乐的源泉,我认为我当时只能够说明幽默的快乐的产生,是出于感情消耗的节约。

幽默的发生通过两条途径。第一条途径,它可以发生在一个采取幽默态度的个人自己身上,同时由另一个人担任观众或听众,从幽默过程中获得愉快;或者,第二条途径,它可以发生在两个人之间,他们之中的一个人完全不介入幽默过程,但是被另一个人作为幽默意图的对象。举个最粗浅的例子(第一条途径的例子),在星期一,一个被人带到绞刑架前的罪犯说:"哦,这个星期开始得多美。"这时他自己就创造了幽默,幽默过程完成于他自己的身上,并且明显地向他提供了某种满足感。我,作为一个听众,仿佛受到罪犯的这个幽默行为的感动,我也许像他一样感到产生了幽默的快乐。

再说第二条途径的例子,即当一个作家或者一位叙述者以幽默的方式描绘真人或想象中的人的行为时,幽默就产生了。那些真人或想象中的人自己并不需要表现出任何幽默,幽默态度仅仅是那个把他们当作他的对象的人的事,并且,正如在前一个例子中一样,读者或听众分享到幽默的愉快。总而言之,我们可以说,幽默态度不管它存在于什么之中——或者针对主体自己,或者针对其他人,都可以认为它给采取幽默态度的人带来了快乐,并且,类似的快乐也被不介人的旁观（听）者所分享了。

如果我们考察一下这种在听众身上发生的过程——在听众面前某人在创造幽默——那么我们将相当清楚地了解幽默的快乐的起因。 听众知道某人处于一种引导他的期望的地位上，即引导他对某人会产生某种感情迹象的期望，诸如某人将愤怒，将抱怨，将诉苦，将受吓或受惊，甚至或许将处于绝望之中，听众准备跟着某人的引导在自己身上唤起同样的感情冲动。 但是，这种感情的期待却落空了，这个某人表现得无动于衷，只是开了一个玩笑。 这种在听众身上节约下来的感情消耗就变成了幽默的快乐。

到此为止事情似乎十分简单。 但是我们很快就会知道，正是发生在这个某人——幽默家——身上的过程值得特别注意。 毫无疑问，幽默的本质就是一个人避免自己由于某种处境会自然引起的感受，而用一个玩笑使得这样的感情不可能表现出来。 就此而言，在幽默家身上发生的过程必须与在听众身上发生的过程相吻合——或者，更确切地说，在听众身上发生的过程必须相仿于在幽默家身上发生的过程。 但是幽默家是如何造成一种精神状态以便释放过剩的感情的？ 他采取"幽默态度"的动力是什么？ 很显然，问题的答案应该到幽默家身上去找。 我们必须假定在听众身上只存在着对这个未知过程的某种共鸣和合拍。

现在，我们有必要去了解幽默的几种特性。 就像玩笑和喜剧一样，幽默具有某种释放性的东西。但是，它也有一些庄严和高尚的东西，这是另外两条从智力活动中获得快乐的途径所缺少的。这个庄严，显然在于自恋的胜利之中，在于自我无懈可击的胜利主张之中。自我不因现实的挑衅而烦恼，不愿使自己屈服于痛苦。自我坚信它不会被外部世界施加的创伤所影响，实际上，它表明这些创伤仅仅是它获得快乐的机会。这最后一个特征是幽默的最基本的要素。让我们设想，星期一将被处死的犯人如果说："我不犯愁。一个像我一样的家伙被绞死，究竟有什么关系呢？世界不会因此而走向末日。"我们不得不承认，这样的说话实际上展示了超越现实处境的同样高尚的优越性。这些话是聪明的，也是正确的，但是它们没有显露幽默的痕迹。确实，它们基于对现实的评价，这种评价直接与幽默作出的评价背道而驰。幽默不是屈从的，它是反叛的。它不仅表示了自我的胜利，而且表示了快乐原则的胜利，快乐原则在这里能够表明自己反对现实环境的严酷性。

最后这两个特征——拒绝现实要求和实现快乐原则——使幽默接近于回溯的或反驳的过程，了解这些过程就需要极其广泛地把我们的注意力放在精神病理学上。在那里，这种摆脱痛苦的可能性的过程是在一系列人的精神为了避免痛苦的压迫而建立起来的方法之中，而这个系列始于神经官能症，止于疯狂，它包括沉醉、自我忘情和心智狂乱。^①幸而有了这种关系，幽默才处于尊严的地位，这种尊严是玩笑完全不具备的，因为玩笑，或是为了获得快乐，或是把已经获得的快乐用来攻击别人。那么，幽默态度存在于什么之中呢？借助于这种态度，一个人拒绝受痛苦，强调他的自我对现实世界是所向无敌的，胜利地坚持快乐原则，这种态度与其他具有同样目的的方法相比较没有超越健康精神的界限吗？这两种情况好像是水火不相容的。

如果我们转而研究一个采用幽默态度对待别人的人的处境，就立刻会联想到我在我那关于玩笑的著作中已经尝试性地提出来的一个观点。一个成人认识到并嘲笑了在孩子看来是如此巨大的兴趣和痛苦，因为这些兴趣和痛苦其实是微不足道的。主体对它们的行为，就像一个成人此时对待孩子的行为一样。这样，由于担任了成年人的角色，在某种程度上使自己以父亲自居，并且使别人处于儿童的地位，幽默者就将获得他的优越地位。这个观点可能涉及了事实，似乎很难把它看作结论性的观点。人们会自问，究竟是什么东西使得幽默者把这个角色归于自己。

但是，我们必须记起另一种也许是更原始和更重要的幽

---

① 参见《文明及其不满》(1930)第二章中关于避免痛苦的各种方法的长篇讨论。又，弗洛伊德在《开玩笑及其与无意识的关系》(1905)中已经指出幽默所具有的防御功能。

默情境，在这种情境中，一个人为了防止可能的痛苦而对自己采取幽默态度。说某人像孩子一样对待自己，同时又对这个孩子扮演优越的成年人，这样说有什么意义呢？

我以为，如果我们考虑到我们从对自我结构的病理观察中了解到的知识，这个理由似乎不很充分的观点就得到了有力的支持。这个自我不是一个简单的实体。它里面包含着一个作为其核心的特殊力量——超我。[1] 有时候它与超我结合在一起，因此我们不能把它们区分开来，反之，在另一些情况下，它与超我明显地区别开来。从发生学的角度来看，超我是父母力量的继承者。它常常使自我处在严格的从属关系之中，而且对待自我依然正像父母或者父亲曾经在孩子的早年一度对待孩子一样。因此，如果我们设想存在于幽默者身上的幽默态度从他的自我中抽出心理力量转移到超我上，我们就获得了对幽默态度的有力说明。对于如此膨胀了的超我来说，自我显得既渺小又索然无味，并且，通过力量的重新分配，超我压制自我的反抗的可能性就会变得轻而易举了。

为了对我们的习惯术语保持忠实，我们不得不说，不是转移心理力量，而是转移力量的心力贯注。然而，问题在于是否我们有权把广泛的转移描绘成从心理结构的一个力量

---

[1] 这可能如同弗洛伊德在《自我和本我》(1923)的第三章开始的注释中说的："知觉意识系统可以被单独看作自我的核心。"

转移到另一个力量上去。 这似乎是一个新构成的假设。 但我们不妨提醒自己，在我们试图获得精神事件的心理玄学的图像的过程中，我们曾反复地（虽然不是足够地）考虑这类因素。 例如，我们假设在通常的情欲对象心力贯注与恋爱状态之间的区别在于，在恋爱状态中给对象以无限量的心力贯注，自我好像为了偏爱对象而使自己变得空空如也。[①] 通过研究妄想狂的某些病例，我能够确立这样的事实：迫害的观念很早就形成了，并且毫无察觉地存在了很长时间，正如某些特殊的突然发生的事件所产生的结果那样，直到它们接受了足够数量的心力贯注而变成主要因素。[②] 对这种妄想狂攻击者的治疗与其说在于妄想观念的消除和纠正，还不如说在于从他们身上抽掉他们曾经拥有的心力贯注。 忧郁症与疯狂，自我受到超我残酷的强制与在受到这个压抑之后的自我解放，这些交替情况表明了这类心力贯注的转移，[③]而且，这个转移可以用来说明属于正常精神活动的全部现象。如果迄今为止，只是很有限的范围得到了说明，那是由于我们惯常的值得赞扬的谨慎。 我们感到安全可靠的这个范围是精神生活的病理学范围，我们在这个范围内进行观察并获得确切的证明。 目前，我们只就我们认为合适的孤立和变

---

① 参见《群体心理学》(1921)第二章。
② 参见《嫉妒、妄想狂及同性恋之某些心理症机制》(1922)第二章。
③ 参见《悲伤与忧郁症》(1917)。

形的病理学材料对正常心理作出大胆判断。 当我们一旦克服了这种犹豫，我们就将认识到理解精神过程的关键不但在静态条件下，也在精力充沛的心力贯注的数量中的动力变化中。

因此，我认为我在这里提出的可能性，即在特殊情况下主体突然对他的超我心力贯注过强，并由此产生的改变自我反应，是值得保留的一种看法。 而且，我关于幽默所提出的看法也在同性质的玩笑中找到显著的相似之处。 关于玩笑的起因，我曾经设想一个前意识的思想刹那间就交给无意识去修正了。 玩笑因此正是无意识对喜剧的贡献。 正是由于同一原因，幽默是通过超我的力量对喜剧作出的贡献。

在其他方面，我们认为超我是一个严厉的主人。 人们将说，它与这样一个性格是相处不好的，即超我竟屈尊使自我获得一份小小的欢乐。 确实，幽默的快乐永远也不会像在喜剧或玩笑中达到那样强烈的快乐，它永远也不会在发自心底的笑声中得到发泄。 同样确实的是，在产生幽默态度时，超我实际上与现实断绝了关系，转而服务于幻想。 但是（并不确切地知道为什么），我们把这种并不强烈的快乐看作具有很高价值的性质；我们感到它特别能使人得到解脱和提高。 而且，幽默所造成的玩笑并不是问题的根本，它只具有次要的价值。 关键在于幽默所贯彻的意向如何，无论是与自己有关，还是与别人有关。 它意味着："瞧啊！这儿看来是一个多么危险的世界！可这只是孩子们的一场游戏——仅仅值得开个玩笑而已！"

如果真是在幽默中的超我对被吓坏了的自我说出了这么仁慈的安慰话，这就告诉我们，有关超我的本质，我们还有大量的东西需要了解。进一步说，并不是每个人都能具有幽默态度。它是一种难能可贵的天赋，许多人甚至没有能力享受人们向他们呈现的幽默的快乐。最后，如果超我借幽默之助，努力去安慰自我，保护自我不受痛苦，这并不与它在父母力量中的起源相抵触。

陀思妥耶夫斯基与弑父者

（1928[1927]）

《标准版全集》编者按：这篇译文是对 1950 年版本稍加修订后的再版本。

富洛普·米勒和艾克斯坦从 1925 年起开始出版一套作为对几年前默勒·范·登·布鲁克编辑的德文版《陀思妥耶夫斯基全集》的补编的新书。这套与全集规模相仿的新书收集了作家的遗稿、未完成稿和来自各方面的有助于了解作家的性格及其作品的材料。其中的一卷收集了与《卡拉马佐夫兄弟》有关的初稿和草稿，以及一篇阐述这部长篇小说的来源的文章。该书的编者渴望能够说服弗洛伊德写一篇从心理学方面来论述这部长篇小说和它的作者的文章，作为该书的绪论。他们似乎在 1926 年初就与弗洛伊德打了交道，弗洛伊德在那年的 6 月底开始动手写作这篇文章。但为了反对西奥多·里克，弗洛伊德急需写作出版一本非专业性的精神分析学的小册子(1926)，因此他放下了这篇业已动手的文章。以后，他好像对这篇文章失去了兴趣，特别是——如欧内斯特·

琼斯告诉我们的(1957)——当他发现了纽费尔德写的一本同一论题的著作(1923)之后。这本著作,正像弗洛伊德在现在这篇文章的最后一个注释中所说的(必须提到,他十分谦逊),已包含了他自己在文章里提出的大部分观点。不清楚他是什么时候重新继续写作他的这篇文章的。琼斯认为,在1927年初这篇文章就完成了。但是这似乎不可能,因为弗洛伊德文章的后面一部分谈到的那篇斯蒂芬·茨威格的小说于1927年才发表。以弗洛伊德的这篇文章作为绪论的这一卷(《〈卡拉马佐夫兄弟〉的初稿》)是在1928年秋季付梓出版的。

这篇文章分为两个不同的部分。前一部分论述了陀思妥耶夫斯基的性格特征,他的受虐狂,他的罪恶感,他的癫痫发作和他的俄狄浦斯情结中的双重态度。后一部分讨论了陀思妥耶夫斯基的赌博嗜好这一特点,并由此引述了斯蒂芬·茨威格的一篇小说,他认为这篇小说说明了赌瘾的起因。文章的这两个部分的关系比它们表面上显示的要紧密得多,这从弗洛伊德后来写给西奥多·里克的信中也可以领会到。我们把这封信作为这篇文章的附录也印出来。

这篇文章可能写得有点像"随笔",但是它包含了许多引人注意的内容,例如,自从弗洛伊德在二十年前写了关于歇斯底里发作的早期论文之后,他第一次重新讨论了这个题目,他还重新表达了他后期的关于俄狄浦斯情结和罪恶感的观点(以及他对手淫问题的间接说明)。这一观点在他早期对歇斯底里症发作这个问题的论述中（1912）我们还没有发现过。这篇文章还使他有机会对被他列为世界文豪前列的一个作家表达了自己的看法。

在陀思妥耶夫斯基丰富的人格里，可以区分出四个方面：有创造性的艺术家，神经病患者，道德家和罪人。一个人怎么会陷入如此令人迷惑的复杂情况里去的呢？

有创造性的艺术家这一点最少受到怀疑，陀思妥耶夫斯基的地位并不低于莎士比亚。《卡拉马佐夫兄弟》是迄今为止最壮丽的长篇小说，小说里关于宗教法庭庭长的描写是世界文学中的高峰之一，其价值之高是难以估量的。可惜，在有创造性的艺术家这个问题面前，精神分析学是无能为力的。

陀思妥耶夫斯基身上的道德家是最容易受到攻击的一点。如果我们企图把他作为道德家加以高度评价，理由是一个人只有经历了深重的罪恶，才能达到道德的顶峰，我们便忽视了因此而引起的怀疑。一个有道德的人是一个心里一感到诱惑就对这诱惑进行反抗，而决不屈从于它的人。一个人，先是犯了罪，然后又在自己的忏悔中树立高尚的道德准则，这样他就会受到谴责：他使事情对自己变得太容易了。他没有获得道德的实质：自我克制，因为生活中的道德行为是一种实际的人类利益。他使人想起大规模迁徙的野蛮人，他们进行屠杀，又以苦行赎屠杀之罪，直到苦行变成进行屠杀的一种实际手段。"伊凡雷帝"就是这样干的。的确，向道德的妥协是俄罗斯人典型的性格。陀思妥耶夫斯基在道德上所做的种种努力，最终结果决不是十分光彩的。经过一场使个人本能要求与社会主张调和起来的激烈斗争之后，他最终落到了一种既服从俗权又服从神权，既崇拜沙皇又崇拜基督教上帝和狭隘的俄罗斯民族主义的卑微境界——这是那些二、三流的思想家毫不费力就可以达到的境界。这正是这个伟大个性的弱点。陀思妥耶夫斯基抛弃了成为人类的导师和救星的机会，而使自己与人类的看守在一起。人类文明的未来对他将没有什么可感谢的。人们也许可以说，因为他的神经疾病，他注定了要以失败告终。他的伟大的智力和他对人类之爱的力量本来可能会向他打开另一条使徒式的生活道路。

把陀思妥耶夫斯基看作一个罪人或罪犯，引起了激烈的反对，这种反对并不需要根据对罪犯的世俗判断。这种反对的真正动机很快就变得明显了。罪犯身上一般有两种基本特征：无节制的利己主义和强烈的破坏性冲动。两者的共同点，并作为它们表现出来的一个必要条件就是爱的缺乏，对（人类）对象的情感上的欣赏力的缺乏。人们会立即想到这种看法与陀思妥耶夫斯基的情况是相矛盾的——他对爱的极大需要和他巨大的爱的能力，这些可以在他夸张的仁慈的表现中见到，这些使他在有权去恨、有权去报复的场合中去爱、去帮助人，例如，在他与他的第一个妻子和她的情人的关系中就是如此。这样的话，人们一定要问，为什么想要把陀思妥耶夫斯基看作一个罪犯呢？答案是来自他选择的素材，他选择的全是暴戾的、杀气腾腾的、充满利己主义欲望的人物，这样就表明了他的内心有着相类似的倾向；答案还来自他生活中的某些事实，像他的赌博嗜好，他的关于强奸过一个少女的事的坦白，这一坦白可能是真的。[①] 如果我们看到，陀思妥耶夫斯基具有相当强烈的破坏本能——这种破坏本能本来很容易使他变成一个罪犯，在他的现实生活中这种本能主要针对他自己（内向的而不是外向的），并以受虐狂和罪恶感表现出来。这样来认识，上述矛盾就可以得到解决了。然而，他的个性中留有大量施虐狂特征，这些特征在他的容易烦躁、爱受折磨和甚至对他所爱的人不能容忍中表现出来，也在他作为一个作家，对待读者的方式中表现出来。这样，在小事上他对别人是施虐狂

---

① 参见富洛普·米勒和艾克斯坦的著作中关于这些事的讨论(1926)。斯蒂芬·茨威格(1920)写道："他没有被资产阶级的道德准则所阻挠，没有人可以准确地说出他在自己的生活中越出法律的界限有多么遥远，或者他的作品的主人公有多少犯罪本能是在他自己身上实现了的。"关于陀思妥耶夫斯基的性格与他的经历之间的密切联系，参见富洛普·米勒和艾克斯坦的著作开头的介绍性的章节里雷内·富洛普·米勒的叙述(1925)，此章是以 N 斯特拉霍夫著作(1921)的内容为基础的。——强奸幼女主题在陀思妥耶夫斯基的作品中几次出现，特别是在遗作《斯塔夫罗金的忏悔》和《一个伟大罪人的生活》中。

者，而在较大的事情上他对自己是施虐狂者，而事实上他是一个受虐狂者——也就是说，他是一个最温和、最仁慈和最乐于助人的人。

我们已经从陀思妥耶夫斯基的复杂个性中挑选了三个因素，一个是数量的，两个是质量的：他的感情生活的特别的强烈性，他天生反常的本能气质（这种气质不可避免地使他成为一个施虐-受虐狂者，或一个罪犯），和他那无法分析的艺术天才。这个结合可以在不犯神经病的情况下完好地存在着。有的人就是单纯受虐狂而没有神经病。而陀思妥耶夫斯基的本能要求和对这些要求的克制力（加上有效的升华方式）之间的力的对比如取得平衡，就必然会使他归入所谓的"本能性格"的一类人物。但是这个情况被同时存在的神经病弄得模糊了，正如我们说过的，神经病在这个情况中不是不可避免的，但是它越频繁发作，自我控制的情况就越混乱。因为神经病毕竟仅仅是自我无力进行综合的一种迹象，就是说自我在企图那样做的时候，却已丧失了它的统一性。

严格地说，陀思妥耶夫斯基的神经病是如何表现的呢？他把自己称作癫痫病人，别人也这样认为。病发作起来很猛烈，伴有丧失意识、肌肉痉挛和随之而来的抑郁状态。这个所谓的癫痫病很可能只是他的神经病的症状，从而必须把它划归为歇斯底里癫痫症，就是说，一种严重的歇斯底里症。 这一点由于两个原因，我们还不能完全确定。 一是被陀思妥耶夫斯基称作癫痫症的病历资料是不完全的和不可靠的；二是我们对癫痫症发作的有关病理状态的了解还不充分。

先来谈谈第二点。 这里没有必要重复完整的癫痫病理学，因为这不会使问题得到决定性的说明。 不过也可以谈一点。 古老的癫痫症的症状在临床上仍然可以看到，这种不可思议的疾病伴随着难于预测的、平白无故的痉挛发作。患者的性格会变得烦躁和爱寻衅闹事，所有的精神官能逐渐削弱。 但这里概述的图像轮廓并不十分精确。 这病发作时来势凶猛，伴随着咬舌头，小便失禁，导致严重自我伤害的危险的癫痫状态，不过也可能使病人处于短时间的意识丧失，或一阵突发的晕眩，或者可能使病人在短时间内做事与其性格不符，好像处于无意识的控制之下。 这些发作虽然一般说来是纯粹的肉体的原因决定的，这些肉体的原因以一种我们还不理解的方式作用着，不过，可以把它们的第一次发作归因于纯粹精神上的原因（例如，一次恐吓），或者说第一次发作是对另外一些精神刺激所起的反应。 尽管典型的智力损伤现象可能在压倒多数的病例中存在，但是，至少在我们知道的一个病例中（赫尔姆霍茨的病例中），疾病并未妨碍他在智力方面取得高度成就（另外一些可以作出同样断言的病例也许是有争论的，容易受到怀疑的，如同陀思妥耶夫斯基的病例）。那些癫痫症患者可以给人一个迟钝和发育受到抑制的印象，这种病往往伴有极明显的白痴现象和极严重的大脑缺陷，纵然这些并不是必不可少的临床症状。但是，某些程度不同的发作也会发生在一些智力发展良好的人身上，和有着过分的、经常失去控制的情感生活的人身上。难怪在这些情况中，人们发现，认为"癫痫病"单纯是一种临床上的存在已是不可能的了。我们在一些明显的症状中发现的类似之处好像需要作出机能上的说明。仿佛可以认为人体中有机地存在着一个反常的本能释放机制，它可以作用于相当不同的情况中——既可以作用于严重的组织解体或中毒性疾病所引起的大脑活动障碍的病情中，也可以作用于对精神机能控制不足和精神能量的活动达到临界点的情况中。在这两种情况的后面，我们瞥见了潜在的本能释放机制本身。这种机制不能远离性的过程，这个过程基本上是中毒的来源。古代的医生们把性交说成是一种轻度的癫痫，由此而认识到性行为中释放刺激的癫痫方式的平息和适应。①

这个共有的因素可以称作"癫痫反应"，无疑也受到神经官能症的支配。这种神经官能症的实质是用肉体的方法排除大量的刺激，这些刺激已无法用精神的方法来对付。

———————————

① 参见弗洛伊德关于歇斯底里发作的早年论文(1909)。

所以，癫痫的发作就成了歇斯底里症的一种症状，也就像正常的性释放过程一样。因此，区分官能的癫痫和"情感"癫痫是完全正确的。这样做的实际意义在于：第一种病人是大脑患病，而第二种人是神经患病。在第一种情况中，他的精神生活受到来自外部的不能相容的侵扰，而在第二种情况中，这种纷扰则是他精神生活本身的表现。

陀思妥耶夫斯基的癫痫症极其可能是属于第二种。严格地说，这还不能得到证明。要证明这一点，我们必须能够把他最初几次发作的症状和后来的几次反复安排到他的精神生活的整个历程中去考察，但在这方面，我们所知甚少。对他癫痫发作的描述并没有告诉我们什么，我们掌握的他的癫痫发作的情况和他的经历之间的关系的材料既不完全，又常常自相矛盾。最有可能的设想是，这种发作远远溯源于他的童年时代，它们开始表现为较为轻微的症状，而并不表现为癫痫症形式，直到他十八岁时的那次惨重的经历——他的父亲被害①——以后，它们才以癫痫症的形式表现出来。

①　参见雷内·富洛普·米勒的著作(1924)(也见于阿·陀思妥耶夫斯基对他父亲描述的文章[1921])。特别有趣的资料是记述在作家童年，"一些可怕的、难忘的、极其痛苦的事情"发生了，他的病的第一个征兆就可以上溯到这些事情上去(见苏沃林刊登在 1881 年《新时代》报上的文章。转引自关于富洛普·米勒和艾克斯坦的著作的介绍文章，1925)。也见于奥莱斯特·米勒的著作(1921)，他写道："这里另有一个特别的例证，是关于费奥多尔·米哈伊洛维奇的病的，这病与他年轻时候的生活有关，并且与他双亲的家庭生活中的一件悲剧事情有关。虽然这个证明是费奥多尔·米哈伊洛维奇的一个亲密的朋友口头提供给(转下页)

如果在他流放西伯利亚期间，他的癫痫症完全停止发作的说法可以成立的话，那么，这对我们的说明是相当有利的，但是这和另外一些说法有矛盾。①

《卡拉马佐夫兄弟》中的父亲被害，同陀思妥耶夫斯基本人的父亲的命运之间相当清楚的联系，引起不止一个写他的传记的作者的注意，并引导他们去请教了"某一现代心理学派"。从精神分析学（它的意义就是进行精神分析）的观点出发，我们企图了解那个事件中最严重的损伤，并把陀思妥耶夫斯基对它的反应看作他的神经病的转折点。但是，如果我着手用精神分析的方法来证实这一看法，我就不得不冒着使那些不熟悉精神分析学术语和理论的读者感到困惑难解的风险。

我们有一个可靠的出发点。我们知道陀思妥耶夫斯基最初几次发作的意义，在他小时候，在"癫痫症"发生很久以前，他就有过几次发作，这些发作具有死亡的意味：它们的先兆是对死亡的恐惧，它们的症状是昏睡、嗜眠。当他

（接上页）我的，但我不能完整地、准确地复述它，因为我没有关于这个传说的其他任何方面的证据。"传记作家和科学研究工作者不会感激这样的处理。

① 许多记述，包括陀思妥耶夫斯基自己的记述，都表明与此说法相反，认为在西伯利亚的流放期间，这病表现为残留的癫痫特性。不幸的是，这里有理由来推翻神经病人的自传叙述。经验显示出，他们的记忆已经受到歪曲，这种歪曲意在阻断与某种不合意的原因的联系。然而，确实存在的情况是：陀思妥耶夫斯基在西伯利亚监狱中的监禁生活，显著地改变了他的病情。参见富洛普·米勒的著作（1924）。

还是一个孩子时，这病以一种突发的、毫无理由的忧郁形式，一种情感形式，首次出现在他的身上，就像他后来告诉他朋友索洛维约夫的那样，仿佛他当场就要死去似的。 实际上，随之而来的是一种与真正死亡极为相似的状态。 他的兄弟安德烈告诉我们，甚至费奥多尔还相当小的时候，他在睡前常常留下一张字条，上面写着他怕他夜里可能会沉睡得像死去了一样，因此他请求一定要将他的葬礼推迟五天举行（参见富洛普·米勒和艾克斯坦的著作，1925）。

我们知道这种死一样的发作的意义和目的。[①] 它们意味着发病者以死者自居，不管是以一个真正死了的人自居，还是以一个还活着的，而主观地希望他死亡的人自居。 后一种情况意义更为重大。 这个发作就具有惩罚的价值。 一个人希望另一个人死去，现在这一个人就是那另一个人，他自己死去了。 在这一点上，精神分析学的理论主张，对一个男孩子来说，那另一个人通常是他的父亲，这种发作（它被称为歇斯底里的发作）是由于希望他可恨的父亲死去而作的一种自我惩罚。

根据一个众所周知的观点，弑父是人类的，也是个人的一种基本的和原始的罪恶（参见我的《图腾与禁忌》，1912—1913）。 在任何情况中它都是犯罪的主要根源，尽管

---

① 这个说明，弗洛伊德在 1897 年 2 月 8 日致弗利斯的信中已经表述过了（弗洛伊德，1950）。

我们不知道它是不是唯一的一个根源，研究工作还不能确证犯罪和赎罪需要的精神起源。但是根源不一定只有一个。心理情况是错综复杂的，是需要阐明的。男孩子和他的父亲的关系正如我们所说，是一个"矛盾的"关系。除了企图除掉作为竞争对手的父亲的仇恨之外，对他的某种程度上的温情，一般也是存在的。这两种精神状态结合起来，产生了以父亲自居的心理；男孩子想要处于父亲的地位上，是因为他羡慕父亲，希望能像他父亲一样，也因为他希望能把他赶下去。这时，这全部的发展过程都与一个强有力的障碍相抵触。在某一时候，孩子开始领会，由于除掉作为竞争对手的父亲的企图将会被父亲用阉割来对他进行惩罚。这样，由于对阉割的恐惧——就是说，为了保持他的男性特征，他便放弃了占有他母亲和除掉他父亲的意念。这个意念于是留存于无意识之中，形成了罪恶感的基础。我们相信，我们在这里叙述的是正常的过程，即所谓"俄狄浦斯情结"的正常命运；不过，对它还需要进行大量的论述。

当两性同体（bisexuality）的体质因子在男孩子身上比较强壮地发展起来时，更复杂的情况就出现了。因为男孩子在阉割的威胁下，他偏向女性的倾向已经渐渐变得有力起来，把自己置于他母亲的地位，接替她，作为他父亲爱情的对象。但是对阉割的恐惧也使得这个解决方法成为不可能。男孩子懂得，如果他要作为一个女人而被他父亲所爱，他也必须忍受阉割。于是，憎恨父亲和爱恋父亲这两种冲动都遭到了压抑。这里有一个心理上的区别：因为对外部的威胁（阉割）的恐惧而抛弃了憎恨父亲的意念，同时，对父亲的爱恋又被当作了一种内部的本能的威胁，虽然归根结底，它还得溯源于同一个外部的威胁。

对父亲的憎恨所以难以被接受的原因是对父亲的恐惧；阉割无论是作为惩罚，还是作为爱的代价，都是可怕的。在压抑憎恨父亲的意念的两个因素中，第一个，即对惩罚和阉割的直接恐惧，可以被看作正常的因素；其病因的加剧，好像只随着第二个因素——对女性姿态的恐惧——的增强而发生的。因此，一种强而有力的天生的两性同体的气质便成为神经官能症的一个先决条件或加重病情的原因之一。在陀思妥耶夫斯基身上肯定具有这样的一种气质，它以一种实际存在的形式（如同潜伏的同性恋）表现在下述情况里：他生活中男性友谊所占的重要地位，他对他的情敌们的奇怪的柔情态度，以及如他在长篇小说的许多例子中所显示的，他对只能用被压抑的同性恋才得以说明的场面的卓越理解。

我这样对爱恋父亲与憎恨父亲的态度，以及这态度在阉割恐惧的影响下所引起的一些变化作了阐明，在不熟悉精神分析学的读者看来，它们如果是乏味的和难以置信的，那我感到非常抱歉，不过我无法改变这些事实。在我的料想之中，恰恰是这个阉割情结必然会引起人们最普遍的否定。

但是我只能坚持认为，精神分析学的经验已经对这些事情特别给予了证实，并启发我们从中找到解开各种神经官能症的秘密的钥匙。我们必须应用这种经验解开我们这位作家的所谓的"癫痫症"之谜。对我们的意识如此不相容的，正是控制我们无意识的精神生活的那些东西。

但是，到此为止，我所说的还没有能详细阐述压抑俄狄浦斯情结中憎恨父亲所产生的结果。这里需要补充一点新的东西，就是说，不管怎么样，以父亲自居的心理最终为它自己在自我中取得了一个永久性的地位。它被容纳于自我，但又是作为一种独立的力量在与自我的其他内容相对立中存在着。我们给它取名为"超我"，并把继承父亲影响这最重要的功能归于它。如果父亲是严厉、粗暴和凶狠的，那么"超我"就从他那里接过这些品性，并且在它与自我的关系中，那被认为已受压抑的被动状态又重新恢复了。超我变成了施虐狂的超我，自我最终以女性的被动方式变成了受虐狂的自我。一种对于惩罚的巨大需求在自我中发展着，这种需求在某种程度上表现为命运的牺牲品，又在某种程度上从超我的虐待中寻求满足（就是说在罪恶感中寻求满足）。因为任何一种惩罚，归根结底都是阉割，所以，也是原来对父亲的被动状态的恢复。甚至命运，作为最后的手段，也只不过是父亲后来的投影而已。

良心形成的正常过程与这里叙述的反常过程一定是相

似的。 我还不能成功地在这两者之间划出一条适当的界线。 我们将看到，在这里，大部分结果是由于被压抑的女性的顺从成分。 另外，不管这个使儿子惧怕的父亲是否特别粗暴，这作为一个附加因素，一定也是很重要的。 陀思妥耶夫斯基的情况正是这样，我们可以从他显著的罪恶感的事实和他生活中受虐狂的行为追溯到一种特别强烈的女性成分。 这样，陀思妥耶夫斯基的情况可以概括为：一个天生具有特别强烈的两性同体的素质的人，他能够特别有力地防止自己依靠一个非常严厉的父亲。 这种两性同体的特性，是我们业已认识了的他的性格的补充。 他早年的死一样的发作的症状，可以理解为他的自我中的以父亲自居的作用，这个自居作用作为一个惩罚被超我所允许。"你为了成为你的父亲而企图杀他。 现在，你就是你的父亲，但是一个死了的父亲。"这就是歇斯底里症状的正常机制。 再进一步："现在，你的父亲正要杀你。"对于自我，死亡的症状是男性愿望和幻想的一种满足，是一种受虐狂的满足；对于超我，它是一种惩罚的满足，是一种施虐狂的满足。 自我和超我，两者都行使了父亲的作用。

　　总之，主体和客体（他的父亲）之间的关系尽管还保留着它的内容，却被改变为自我和超我之间的关系，这犹如一个新的舞台上的一套新布景。 这些来自俄狄浦斯情结的早期反应，如果现实不进一步给它们养料，就可能会消失。

但是父亲的那些性格仍保持着老样子，或者更确切地说，它逐年在退化。陀思妥耶夫斯基对他父亲的憎恨和他要可恶的父亲死去的愿望仍然保持着。如果现实满足了这些被压抑的愿望，那是很危险的，幻想变成了现实，所有的防御措施都要随着加强。这时，陀思妥耶夫斯基的发作便表现出癫痫的特征，无疑，它们仍然表明作为惩罚的、以父亲自居的作用，但是，它们变得可怕了，就像他父亲的可怕的死亡一样。至于这些发作还吸收了哪些内容，特别是性的内容，我们就无法推知了。

有一件事情十分明显：在癫痫发作的先兆中，要经历一阵极度的狂喜。这很可能是在听到死亡的消息时所感到的胜利和解脱的喜悦，紧接着的是一种更加残酷的惩罚。这正如我们观察到的，在原始游牧部落中，杀了他们的父亲的兄弟们反复于胜利和哀痛，即节日般的欢乐和哀悼之中。我们发现这样的情况反复出现在图腾的进餐仪式中。[①]我们如果证实了陀思妥耶夫斯基的癫痫症在西伯利亚不曾发作过这一事实，那么这就能证明了发作是对他的惩罚这一观点。当他受到其他方式的惩罚时，他便不再需要发作了。但是，这事不能得到证实。陀思妥耶夫斯基的精神组织对受惩罚的需要，说明了这样一个事实：他完好地度过了痛苦和

---

① 参见《图腾与禁忌》。（又参见弗洛伊德1912—1913年第四篇文章的第五章）

屈辱的年月。 把陀思妥耶夫斯基作为一个政治犯是不公平的，对此他本人也一定明白，但是他接受了卑鄙的父亲——沙皇给予的这个不应有的惩罚，作为他反对生父的罪过所应得的惩罚的替代。 他得到了他父亲的代理人——沙皇的惩罚，而不是自我惩罚。 这里，我们看到了社会施行惩罚在心理学上的正当理由。 事实是，一大群罪犯渴望被惩罚。他们的超我要求惩罚，这样，就免去了自己对自己惩罚的必要了。[1]

　　每一个熟悉歇斯底里症状所表现的复杂变化的人都将理解，不从这一点着手，就无法探究陀思妥耶夫斯基的癫痫症发作的意义。[2] 我们能够假设它们的最初含义，在后来增加的许多内容中仍然保持不变，这就够了。 我们能够很有把握地说，陀思妥耶夫斯基从未摆脱过由弑父意图而产生的罪恶感的影响。 罪恶感决定了他在另外两个范围里的态度，这两个范围在与父亲的关系中是决定的因素：他对他卑鄙的父亲——沙皇——是彻底效忠的，这个沙皇曾经同他一

----

[1] 参见《来自罪恶感的犯罪》，弗洛伊德的《精神分析工作中遇到的一些性格类型》中的第三篇文章(1916)。

[2] 有关他的发作的意义和内容的最好的叙述是陀思妥耶夫斯基自己提供的。他告诉他的朋友斯特拉霍夫说，他在癫痫发作之后的烦躁和沮丧是因为这样一个事实：他觉得自己仿佛是个罪人，不能从他身上的未知的罪恶感的负担中解放出来，他犯下了滔天罪行，这罪行使他压抑(见富洛普·米勒的著作，1924)。在这些自我谴责中，精神分析学看到承认"精神现实"的征象，它努力使未知的罪恶被意识所认知。

起在现实生活中演出过杀人的喜剧，他的发作以戏剧的形式那么频繁地表现为杀人。 这里忏悔占了上风。 另外在宗教范围里，他保持着较大的自由：根据显然可靠的记述，他直到生命的最后一刻，还在信仰宗教和无神论之间徘徊。 他的巨大的才智，使他不可能忽视宗教信仰导致的智力上的难题。 通过个人对世界历史发展的概括，他希望找到一条出路，并且从对基督理念的亵渎中解脱出来，他甚至希望用他所受到的苦难作为扮演基督似的角色的资格。 如果说他基本上没有获得什么自由，而变成了一个反对者，那是因为忏逆罪——这种普遍存在于人类中，宗教感情赖以建立的忏逆罪在他身上达到了超个人的强度，甚至他那巨大的才智对此也无能为力。 写到这里，我们可能会受到指责，说我们放弃了公正的分析，而以宗派的特定的世界观来判断陀思妥耶夫斯基。 保守主义者会支持宗教法庭庭长，而对陀思妥耶夫斯基作出与我们不同的审判。 这种异议是正当的，人们只能为他开脱，种种迹象表明，陀思妥耶夫斯基的决定是受他的神经病引起的智力上的变化所限制的。

很难说是由于巧合，文学史上的三部杰作——索福克勒斯的《俄狄浦斯王》、莎士比亚的《哈姆雷特》和陀思妥耶夫斯基的《卡拉马佐夫兄弟》都表现了同一主题——弑父。而且，在这三部作品中，弑父的动机都是为了争夺女人，这一点也十分清楚。

当然，表现最直接的是取材于希腊传说的戏剧（《俄狄浦斯王》）中的描写。剧中仍然是主人公自己犯罪。但是在诗的处理上不可能不加以柔化和掩饰。直率地承认弑父的意图，正如我们在精神分析过程中所得出的，不经过分析的准备，几乎是令人无法接受的。希腊戏剧保留了这种犯罪行为，同时还巧妙地设计了主人公的无意识动机，而得以把必不可少的缓和以受乖戾的命运所强迫的形式放到现实中去。主人公的犯罪行为是无意识的，显然并没有受到女人的影响。但是，这后一点是在这样的情况中被注意到了：主人公只有在他对那个象征着他父亲的恶人重新采取行动之后，才能占有母后。在他的罪行被揭露和被自己意识到以后，主人公并不企图用命运强迫的人为的权宜之计来为自己开脱。他承认了自己的罪行，他受到了惩罚，好像这些是完全有意识的罪行，这就我们的理智来说，肯定是不公正的，但是在心理学上是完全正确的。

在英国这个戏剧中，表现就比较间接了。主人公自己并不犯罪，是别人犯的罪。对于这个人来说，并不是弑父。因此，被禁止的争夺女人的动机并不需要掩饰。而且，由于我们了解了他人的罪行对主人公的影响，我们透过折光才看见了主人公的俄狄浦斯情结。他应该为亲人报仇，但奇怪得很，他发现自己不能这样做。我们知道这是他的罪恶感麻痹了他，但是，这种罪恶感以一种与神经官能症的过程完全一致的方式转变为他不能履行他的职责的感觉。 这表明，主人公感到他的罪恶是一个超个人的罪恶。他蔑视他人，并不亚于蔑视自己："按照每个人的身份去招待他，谁能不挨鞭子呢？"

俄国的这部长篇小说在同一个方向上向前迈进了一步。其中犯杀人罪的也是另外一个人。 但是，这另一个人像主人公德米特里一样，与被杀的人有父子关系：在这另一个人的情况中，情杀的动机是公认的；他是主人公的弟弟，值得注意的是，陀思妥耶夫斯基把他自己身上的疾病——癫痫症归在他身上，仿佛他在设法表白，他身上的癫痫症就是一种弑父行为。 还有，在审判中的辩护词里，有一个对心理学的有名的嘲笑——说它是一把"双刃刀"，①这里是一个高明的伪装，为了揭示陀思妥耶夫斯基对待事物的观点的更深一层的意思，我们只好把它倒过来看，并不是心理学该受到嘲笑，该受到嘲笑的是法庭的审讯程序。 谁犯了罪是一件无关紧要的事；心理学只想了解谁渴望这样做，谁在事情完成以后感到高兴。② 由于这个理由，所有的兄弟——除了阿辽沙这个当作反衬的人物以外，都同样有罪，都是冲动的肉欲

---

① 在德语中(也在原来的俄语中)这个比喻是"一根能两头伤人的大棒"。康斯坦·加耐特的英译作"两边能切割的小刀"。这句话出现在这部长篇小说的第十二卷第十章中。

② 对这一观点在一个现实罪行案例中的实际运用的论述在弗洛伊德题为《豪尔斯曼的案例》(1931)的论述中可以找到，那里，《卡拉马佐夫兄弟》被再次讨论了。

主义者，玩世不恭的怀疑论者和癫病症罪犯。 在《卡拉马佐夫兄弟》中，有一个场面特别鲜明。 在佐西马神父与德米特里谈话时，他发现德米特里准备弑父，于是就跪倒在德米特里的脚下。 这不可能意味着表示赞赏，而肯定意味着，圣徒正在抵制鄙视和憎恶凶手的诱惑，并且由于这个理由，在凶手面前表示谦卑。 事实上，陀思妥耶夫斯基对罪犯的同情是无止境的，它远远超出那些不幸的家伙可能要求得到的怜悯，它使我们想起了"敬畏"，过去，人们正是怀着这种"敬畏"对待癫痫病人与神经病人的。 一个罪犯对陀思妥耶夫斯基来说几乎就是一个救世主。 罪犯自己承担了罪责，这个罪责原应由别人来承担。 因为他已经杀人了，别人也就不再有任何杀人的需要了；这个别人一定要感激他，因为没有他，别人只好自己去杀人。 这不单单是仁慈的怜悯，而是一个基于类似杀人冲动基础上的自居作用——实际上，是一个稍微变化了的自恋。（这样说，我们不是在对这个仁慈的伦理学价值提出质疑。）这也许是相当普遍的对别人仁慈同情的机制，人们很容易在受罪恶支配的小说家身上觉察到这个机制。 无疑，这个因自居作用而引起的同情心是决定陀思妥耶夫斯基选择题材的重要因素。他首先涉及的是一般的犯罪（他的动机是自我主义的）和政治犯罪、宗教犯罪，直到他的晚年，他才回头写最基本的罪行——弑父，并在他的一部艺术作品中用它来完成他的坦白。

陀思妥耶夫斯基的遗稿和他妻子的日记的发表，使我们对他一生中的一段插曲——他在德国时如何沉迷于疯狂的赌博（见富洛普·米勒和艾克斯坦的著作，1925），有了清楚的认识，人们都把赌博看作他的病态激情的发作。 这里不乏对这个招人谴责的又毫无价值的行为的文过饰非。 正像神经病人身上经常发生的那样，他的罪恶感以债务负担的明确的形式表现出来，他可以借口说，他希望在赌桌上赢钱，这样就能回俄国而不被债权人逮起来。 但是，这只是一个借口，陀思妥耶夫斯基是清楚的，他认识到并坦率地承认了这个事实。 他知道他主要是为赌博而赌博。① 他凭冲动做出的荒诞行为的所有细节，都显示出这一点，还显示了另外更多的情况。 他不肯罢休，除非输掉了所有的东西。 对他来说，赌博也是自我惩罚的一个方式。 他一次又一次地向他年轻的妻子发誓，或者用他的名誉许下诺言说他不再去赌博了，或者在哪一天不再赌博了。 但是，结果正如他妻子所说，他总是失信。 当他输到他和她处于极其拮据的境地，他便从中获得续发性病理上的满足。 事后，他在她的面前责骂和羞辱自己，要她蔑视他，让她感到自己嫁给这样一个惯犯而伤心。 当他这样卸掉了他良心上的负担后，第

---

① "主要的是赌博本身，"他在他的一封信中写道，"我发誓，贪婪钱财并不是我赌博的目的，虽然上帝知道我极其需要钱。"

二天，他又会重新开始这一切。 他的年轻妻子习惯了这种循环，因为她注意到一件事提供了挽救的真正希望：他的文学写作，当他们失去了所有的钱，典当了他们最后的东西，他的写作就会进行得十分出色。 当然，她并不理解其间的联系。 当他的罪恶感由于他加在自己身上的惩罚而得到满足，那加在他写作上的限制就变得不那么严厉了，于是他就让自己在通往成功的道路上向前迈进几步。①

一个赌徒早已埋葬了的童年的哪一部分变成了他的赌博沉迷的因素呢? 回答可以毫无困难地从我们的一位年轻作家的一个故事中推测出来。 斯蒂芬·茨威格，他偶尔对陀思妥耶夫斯基做过研究(1920)，在他的包括三个短篇小说的集子《感情的混乱》(1929)中收入了一篇题为《一个女人一生中的二十四小时》的小说。 这个篇幅不大的杰作表面上显然只想表现一个漫不经心的女人是一个什么样的造物，她甚至连自己都感到惊讶：一个出乎意料的机遇会驱使她走到什么地步。 但是这个故事所讲的远远超出了这些。 如果对它进行一个精神分析的解释，我们就会发现它叙述了(毫无辩护的意图)一件相当不同的事，一件带有普遍的人性的事，或者毋宁说男性的事。 这个解释是这么清楚以致人们

---

① "他总是待在赌桌前直到输掉所有的东西,彻底破产。只有当伤害达到彻底的程度,魔鬼才从他的灵魂中逃走并为创造天才让路。"(富洛普·米勒和艾克斯坦,1925)

难以拒绝。 这是艺术创作的本质特征，这个作者是我的好友，在我问他的时候，他向我保证：我对他所作的解释，跟他的知识和他的意图都是格格不入的，尽管作品叙述中采用的一些细节似乎有意为这个隐藏的秘密提供了一条线索。

在这篇小说中，一个上了年纪的贵妇人向作者讲述了她二十多年前的一次经历。 她还年轻的时候就做了寡妇，是两个儿子的母亲，但儿子们不再需要她了。 在她四十二岁那年，她在生活中已无所追求。 在一次毫无目的的旅行中，她偶然来到了蒙特卡洛赌场。 这个地方给她留下了强烈的印象，在这些印象中，她很快就被一双手迷住了。 这双手似乎极其真诚和强烈地显露了不幸的赌徒的全部感情。这双手是属于一位漂亮的年轻人的，而作家仿佛出于无心使他的年龄与叙述者的大儿子同龄。 他在赌输了所有的东西以后，陷入绝望的深渊，怀着到卡西诺花园去结束他毫无希望的生活的明显意图离开了赌场。 一种莫名其妙的怜悯感驱使她跟踪他，用尽各种努力来挽救他。 他原以为她是当地常见的纠缠不休的一类女人，于是企图摆脱她，但是她不离开他，并且发现自己身不由己地、极其自然地到了他的旅馆房间，最后还和他同床。 这个即兴的爱情之夜后，她强求这位年轻人——他现在显然已经平静下来——庄严发誓他从今以后将永远不再赌博，然后她给他一笔回家的旅费，约好出发前在车站上会面。 这时，她已经对他开始感到一种极大的柔情，她准备牺牲她的一切来占有他，她决定和他一起走而不和他分离。但是，各种意外的事情耽误了她，因此她没有赶上火车。她怀着对离去的年轻人的思念，再一次来到赌场时，她大为吃惊，她又一次见到了那双曾激起她同情的手：这个不讲信义的年轻人又回到了赌场。她提醒他所立下的誓言，但是他沉迷于他的赌博激情中，竟骂她是扫帚星，叫她滚开，并把她曾想用来挽救他的钱抛给了她。她在深深的耻辱中匆匆离去，后来她知道，她没能使他免于自杀的结局。

当然，这个娓娓动听的、动机纯真的小说自身是完美的，也确实深深地打动了读者。但是精神分析学告诉我们，小说的创造基本上是建立在青春期充满希望的幻想上的，实际上不少人有意识地记住这幻想的，这种幻想体现了孩子的希望：他的母亲应亲自使他懂得性生活，免得他受到手淫引起的可怕伤害（为数众多的关于挽救人主题的创造性作品都有同样的起因）。手淫这一"恶习"被赌瘾代替了；[①]强调手的热烈的动作暴露了这一由来。确实，赌博的爱好是过去手淫的对等物；"playing"是托儿所里实际上称呼用手玩弄生殖器的行为的词汇。那种不可抵抗的诱惑本

---

① 在 1897 年 12 月 22 日致弗利斯的信中，弗洛伊德提出，手淫是"原始的沉迷"，所有以后的沉迷都是它的替代（弗洛伊德，1950）。（"playing"指儿童玩弄生殖器的行为，又可用来称呼赌博行为。——译者）

质，那种严肃地保证永不再犯却又做不到的决心，那种麻木不仁的快乐和他正在毁掉自己（自杀）的不道德的行为——所有这些因素都毫无变化地保留在手淫为赌博所替代的过程中。是的，茨威格的故事是由母亲，而不是由儿子讲出来的。这必定会使儿子乐意地想道："如果我的母亲知道手淫对我意味着什么样的危险，她当然会允许我在她身上发泄我所有的温情而把我从危险中救出来。"母亲与妓女等同起来——在故事中，年轻人把她看作妓女——与上述幻想有关。它使难以接触的妇女变为容易接触了。与幻想相伴随的不道德的行为带来了故事的不幸结局。注意一下作者赋予小说的外观，是如何企图掩饰它的精神分析的含义，也是十分有趣的。因为，女人的性生活是否受突然发生的、神秘的冲动所支配，这是大有疑问的。而精神分析学却揭示了这个女人做出令人惊讶的行为的充分动机，这个女人曾一直避开爱情。为了忠实于她死去了的丈夫，她警觉地抵御所有类似的引诱。但是——这里，儿子的幻想是正确的——作为母亲，她却不能逃避，完全无意识地把爱情转移到儿子的身上，命运在这无法抵抗的地方抓住了她。

如果对赌博的沉迷，连同破除这一恶习的不成功的努力和它所提供的自我惩罚的机会是手淫冲动的重复，我们对它在陀思妥耶夫斯基生活中占有如此之大的地位就不应感到惊奇了。总之，我们发现儿童早期和青春期自我性满足，在

所有的严重的神经病例中起着作用。 至于努力压抑这种自
我性满足和对父亲的恐惧之间的关系，人们已知道得这样清
楚，以致毋需赘述了。[①]

附录

弗洛伊德致西奥多·里克的一封信

《标准版全集》编者按：在弗洛伊德论陀思妥耶夫斯基
的文章发表了几个月以后，西奥多·里克在《意象》杂志
(1929年第二期)上发表了对这篇文章的评论。 虽然里克的
评论对弗洛伊德的文章基本上持肯定态度，但是他用了相当
长的篇幅指出，弗洛伊德对陀思妥耶夫斯基的品行所下的判
断是过于严厉的，并且也不同意弗洛伊德在文章的第三个段
落中关于道德的论述。 他还顺便地批评了这篇文章的形
式，文章的结尾明显与全文不相连贯。 读了这些批评意见
后，弗洛伊德给里克写了一封信作为回答。 此后不久，里
克在一本论文集里收进他的批评文章时(1930)，征得弗洛伊
德同意，他的这封信也收进了集子。 这篇评论以及这封作
为回答的信的英译文以后发表于里克的《与弗洛伊德交往的
三十年》(纽约，1940；伦敦，1942) 一书中。 我们这里发表

①　这里表达的许多观点可以在乔兰·纽费尔德的一本杰作中见到(1923)。

这封弗洛伊德致里克的信的修订译文，取得了西奥多·里克的同意。

　　……我怀着极大的快乐读了你对我的陀思妥耶夫斯基研究的批评文章。你所有的反对意见都值得考虑，并且在某种意义上应该说是恰当的。我能提出一些观点为我自己辩护。但是，这当然不是谁对谁错的问题。

　　我认为你用过高的标准来衡量这件小事了。写这篇文章是对某人①的应酬，并且写得也很勉强。现在我写东西总是很勉强。无疑，你在文章中注意到了这一点。当然，这并不意味着要原谅那些草率或者错误的判断，而是仅仅原谅文章整体结构上的疏忽。无可争辩，我增加的那段对茨威格的精神分析带来了不谐调的效果，但是更进一步的审查也许会说明它还是有道理的。如果我不考虑我的文章刊出的地方，我确实应该写道："我们可以希望，在被这样严厉的罪恶感伴随着的神经病史中，压抑手淫的欲望起着特别重要的作用。根据陀思妥耶夫斯基对赌博的病理沉迷，这个设想彻底实现了。因为，正如我们在茨威格的短篇小说中所能看到的……等等。"这就是说，评论这个短篇小说的全部篇幅与这个关系——茨威格和陀思妥耶夫斯基的关系——不相

---

　　① 无疑是指艾丁根，他一直在督促弗洛伊德完成这篇文章（琼斯，1957）。

一致，但是对另一个关系——手淫和神经病的关系——却是一致的。反正，结果不能令人满意。

我坚信对伦理学的一个严格客观的社会评价，因为这个道理，我不想否认优秀的庸人表现了善良的道德行为，尽管对他来说有一点儿自我惩罚的意味。① 但是，与此并列，我姑且承认你支持的伦理学的主观心理学观点的合理性。虽然我同意你对当今世界和人类的判断，但我不能——正如你知道的——把你对美好未来的悲观驳斥看作一种合理的辩护。

像你的建议一样，我把作为心理学家的陀思妥耶夫斯基包括在有创造性的艺术家之内。我能提出对他的另一个反对意见，是他的洞察力太局限于反常的精神生活。请考虑他面对爱情现象时的令人惊讶的无能。所有他真正了解的都是野蛮、本能的欲望，受虐狂的驯服和出自怜悯的爱情。不管我对陀思妥耶夫斯基的热烈和卓越的所有赞美，在怀疑我并不真正喜欢他这一点上你也是对的。这是因为我的有些偏执的毅力全消耗在精神分析学方面，在艺术和生活方面我则缺乏耐心。这种性格特点只对我个人而言，并不适于

---

① 里克写道："克制曾是道德的尺度，今天它只是尺度之一。如果它是唯一的一个，那么，优秀的公民和庸人——他怀着迟钝的感觉屈从于权威们，并且由于他缺乏想象力，克制对他就更加容易，他在道德方面对陀思妥耶夫斯基就显得更加优越。"

其他人。

你计划在什么地方发表你的文章①？ 我对它的评价相当高。 科学的探索必须戒除自以为是。 当然，我们不可避免地会受到某种思想的影响，其中有几种……②

1929.4.14

---

① 这好像是说里克把这篇文章交给《意象》杂志发表之前，曾给弗洛伊德看过，尽管可能弗洛伊德关心的是收入集子出版的问题。
② 《标准版全集》的译文如此结束。——译者

论升华

（1930）

译者按：本文节选自弗洛伊德的《文明及其不满》（1930）。这篇选文曾收入莫里斯·韦兹的著作《美学问题》。

生活正如我们所发现的那样，对我们来说是太艰难了，它带给我们那么多痛苦、失望和难以完成的工作。为了忍受生活，我们不能没有缓冲的措施，正如特奥多尔·冯塔纳所说："我们不能没有补救的措施。"①这类措施也许有三个：强而有力的转移，它使我们无视我们的痛苦；代替的满足，它减轻我们的痛苦；陶醉的方法，它使我们对我们的痛苦迟钝、麻木。这类措施是必不可少的。②伏尔泰在《老实人》的结尾告诫人们要耕种他们自己花园的土地，其目的就是为了转移，科学活动也是这类转移。代替的满足正如艺术所提供的那样，是与现实对照的幻想，但是由于幻想在

---

① 这句话的出处不明。

② 威廉·布施在他的作品《虔诚的海伦娜》中说了几乎同样的话："忧虑者必有酒。"

精神生活中担负的这种作用，它们仍然是精神上的满足。陶醉的方法作用于我们的身体并改变它的化学过程……

除上述措施之外，防范痛苦还有一种方式是我们心理结构所容许的里比多的转移，通过这一转移，这种方式的功能获得了那么多的机动性。这里的任务是改变本能的目标，使其不至于被外部世界所挫败。本能的升华借助于这一改变。如果一个人有能力增加从精神和智力工作这个源泉中获得的快乐，那么他的收益是极大的。命运摆布他的力量也就小多了。正如艺术家在创作中，在实现他的幻想中得到的快乐一样，或者像科学家在解决问题或发现真理时一样，这类满足有一个特殊的性质，将来有一天，我们肯定可以用心理玄学的术语去加以描述。现在，对我们来说，只能把这样的满足形容为"高尚的和美好的"，但是这种满足的强度，与来自野蛮的原始的本能冲动的满足的强度相比较是温和的；它并不震动我们的肉体。但是，这种方式的弱点是不能普遍适用于人的，它只能为少数人所用。它以人的特殊的气质和天赋为其先决条件，而这种气质的天赋在实践中是远不够普遍的。① 甚至对占有它们的少数人来说，这

---

① 一个人的特殊气质固执地命令他把生活的兴趣放在某一方面，当一个人缺乏这种特殊气质的时候，适合于每一个人的普通专业工作就起了伏尔泰的明智的劝告的作用。由于缺乏调查，不可能充分讨论工作对里比多转移所具有的意义。在处理生活方面，没有什么方法像强调工作这样如此牢固地把个人与现实联系起来；因为他的工作至少在部分现实中，在人类社会中给他一块安全的（转下页）

个方式也不能用来彻底防止痛苦。 这个方式无法制造穿不
透的盔甲来抵御命运之神的箭矢,当痛苦来自这个人自己的
身体时,它常常就失去了作用。

这个过程已经清楚地表明了一个意图,即通过在内部
的、精神的过程中寻求满足,来使自己独立于外部世界,在
第二个过程中,这些特征甚至更显著。 在这个过程中,与
现实的联系更加松散,满足是从幻想中获得的,它表明幻想
与现实之间的差异并不干扰幻想带来的快乐。 产生幻想的
那个领域是对生活的想象,当现实感发展了的时候,这个领
域显然避开了现实检验所提出的要求,并为了实现那难以实
现的愿望而保留下来。 幻想带来的快乐首先是对艺术作品
的享受——靠着艺术家的能力,这种享受甚至被那些自己并
没有创造力的人得到了。[①] 那些受了艺术感染的人并不能把
它作为生活中快乐和安慰的源泉,从而给它过高的评价;艺
术在我们身上引起的温和的麻醉,可以暂时抵消加在生活需

(接上页)地带。把大量里比多成分——不管是自恋的、外向的,还是性欲
的——转移到专业工作和人类与专业工作的关系上,使专业工作具有价值,而这
价值使它成为保持和承认社会存在的不可缺少的东西。专业活动如果是一个可
以自由选择的活动——即如果靠着升华,它可以利用目前的爱好,利用持续的或
从体质上增强了的本能冲动,专业活动就是特殊快乐的源泉。还有,作为通向幸
福的道路,人们对工作并不作高度评价。他们并不像为其他的满足那样为它而
奋斗。大多数人只在需要的重压下才工作,人类对工作的这种自然的反应引出
了最难处理的社会问题。

① 参见《心理机制两原则之剖析》(1911)和《精神分析引论》(1916—1917)第二十三
讲。

求上的压抑，但是它的力量决不能强到可以使我们忘记现实的痛苦……

从这里，我们可以接下去考虑一下有趣的情况，在这个情况中，生活中的幸福主要来自对美的享受，我们的感觉和判断究竟在哪里发现了美呢——人类形体的和运动的美，自然对象的美，风景的美，艺术的美，甚至科学创造物的美。为了生活的目的，审美态度稍许防卫了痛苦的威胁，它提供了大量的补偿。美的享受具有一种感情的、特殊的、温和的陶醉性质。美没有明显的用处，也不需要刻意的修养。但文明不能没有它。美学科学考察了事物的美的条件，但是它不能对美的本质和起源作任何说明，像往常一样，失败在于层出不穷的、响亮的却是空洞的语词。不幸，精神分析学对美几乎也说不出什么话来。看来，所有这些确实是性感领域的衍生物。对美的爱，好像是被抑制的冲动的最完美的例证。"美"和"魅力"①是性对象的最原始的特征。

---

① 德语中 Reiz 意为"刺激"，也可以译作"魅力"(charm)或"吸引力"(attraction)。在《关于性欲理论的三篇论文》第一版(1905)，以及同书 1915 年版本里增加的注释，都使用过这个说明。

译后记

在我国 1980 年代初，大概没有一位近代著名科学家著作的中译本比西格蒙德·弗洛伊德(1856—1939)著作的中译本更少了，因此，在目前我们似乎很难对弗洛伊德的历史地位作一个基本客观的评价。这样，对弗洛伊德会有褒贬不一的评论，也就不足为奇了。这种现象在精神分析学诞生后不久的西方也出现过。但是随着时间的流逝，弗洛伊德的历史地位出乎意料地逐渐显得重要和稳固了。

我们常常可以发现，弗洛伊德的研究者们喜欢把他与哥白尼相提并论，这也许是为了突出弗洛伊德开创精神分析学的划时代意义。某一门科学上的重大发现常常会引起一代人世界观的革命。哥白尼的伟大不仅仅因为他在天文学方面的贡献，不仅仅因为他创立的"日心说"摧毁了旧的托勒玫体系；更有意义的是，"日心说"否定了当时人们信仰的那个由上帝安排的世界秩序，因而也动摇了上帝的地位。哥白尼用他的发现结束了一个漫长的时代——信仰的时代，开辟了一个伟大的新时代——理性的时代。

从文艺复兴以后到第一次世界大战前，理性代替了上帝一跃而成为人类命运的主宰。人类的一切行为都要接受来自理性的批判。人类借助理性的力量完成了不可胜数的伟大业绩。但是，正当人们高举理性旗帜欢呼前进的时候，正当人们陶醉于理性的胜利时，第一次世界大战爆发了。后来又发生了第二次世界大战。理性的人们干出了非理性的事情。像产生过马克思和恩格斯，产生过康德、莱辛、歌德、费希特、黑格尔、谢林、海涅、费尔巴哈、叔本华的土地上，也产生了希特勒和纳粹德国。历史好像在开玩笑。原因何在？对理性的失望导致人们继续寻求隐藏在人类行为背后的更深一层的原因，发掘意识以下的动因。弗洛伊德所创立的精神分析学即是被誉为解答了这一疑问的理论之一。有些西方学者认为，随着精神分析学的诞生，理性的绝对统治地位便动摇了。

一

弗洛伊德在他的《自传》的后记中写道："在这本《自传》中明白地提出了精神分析学如何成为我一生的全部内涵，并且也要正确地指出，如果拿我和这门科学相比，我一生的个人经验就显得平淡无味了。"不过细心的读者马上就可以发现，作为一位大科学家所必须具备的丰富的内心感受、坚韧不拔的攀登精神和不为舆论所压制的勇敢精神，构成了他生活中最感人的一章。他曾谦虚地说过："……我并不是一个真正的科学家，也不是一个观察家和实验家，更不是一个思想家。我只不过是一个具有征服者气质——好奇、勇敢和坚持不懈——的征服者罢了。"

弗洛伊德于 1856 年 5 月 6 日出生在摩拉维亚的弗赖堡（现为捷克的普莱波）。他的父亲是一位心地善良、助人为乐的犹太呢绒商，他在摩拉维亚破产以后，便与他的第二个妻子把全家迁到莱比锡，后来又迁到维也纳。当时弗洛伊德四岁。他在维也纳生活了将近八十年。

在八个孩子（第一个妻子只生了一个男孩）之中，弗洛伊德从小就显示出不平凡的智力。他受到母亲特别的宠爱。他出生的时候带出了胎衣，这与他最喜欢的小说《大卫·考坡菲》的男主角一样。传说，这事情象征着孩子将会有很好的命运。以后他常以此自豪，认为自己从母亲身上获得了无法估量的好处，他说："一个为母亲所特别钟爱的孩子，一生都有身为征服者的感觉；由于这种成功的自信，往往可以导致真正的成功。"根据他的智力发展，家庭决定给予他特殊的照顾和鼓励。他的卧室是家里唯一有一盏油灯的房间，以利于他的学习，而家庭其他成员只能用烛光照明。生活在音乐之乡的维也纳，家长却不准许孩子们学习音乐，免得妨碍弗洛伊德的学习。

　　弗洛伊德在《自传》中写道："在中学，我连续七年名列前茅，所以享受了许多特权，得以保送到大学里就读。"其间，弗洛伊德对歌德和莎士比亚非常喜爱，甚至到了着魔的程度。他在十七岁时以优异的成绩毕业于大学的预科。当时他的兴趣相当广泛。他最后决定进入维也纳大学医学院，一方面受达尔文的进化论和歌德的自然科学著作的影响，对了解生命发生了兴趣，更主要的是他认为医学院可以向他提供从事专门科学研究的训练机会。

　　从 1873 年开始，弗洛伊德在医学院度过了八个年头。最初他关心生物学，他解剖了大量的雄鳝来研究睾丸的结构。这是他第一次从事性的研究。以后，他的兴趣转向生理学。他在布吕克主持的生理研究所花掉了六年多的时间。这位研究所主任严谨的治学态度对弗洛伊德的一生都起了良好的影响。弗洛伊德研究了鱼类的脊髓，他的第一篇论文证明了低级动物的脊髓神经节细胞与高级动物的相同。他还写了关于神经细胞构造的文章。这些研究使他在 1885—1886 年发表的一系列论文对高级神经组织的理论作出了贡献。1881 年他获得了医学博士学位。值得提及的事情是维也纳大学规定医学院学生要学习三年哲学课，所以弗洛伊德像当时许多同学一样在哲学上也达到了较高的造诣。弗洛伊德从中学时代起就表现出他学习语言的天才。他精通拉丁文和希腊文，熟练地掌握法文和英文，还自学了意大利文和西班牙文，对希伯来文也相当熟悉。 这样，他就有可能在大学期间钻研各种文体的哲学著作。 熟练地掌握语言使他在以后的研究中得到了许多可贵的收获。 1879 年，弗洛伊德应征入伍。 当时奥匈帝国和沙皇俄国正在争夺巴尔干半岛。 在短期服役期间，他把英国哲学家约翰·斯图尔特·穆勒的著作译成德文。 这一工作使他接触了柏拉图哲学，在他以后的著述生涯中，柏拉图对他产生了深远的影响。

由于经济的原因，他决定做一个私人开业的医生。 为此他用去了三年的时间在维也纳医院当住院医师。 他在医院的所有部门都得到了充分的训练。 其间，他还发现了古柯碱的麻醉性质。 接着，他在一家儿童诊所工作了几年，尤其注重对解剖学和神经系统的疾病，特别是瘫痪、失语症、儿童脑损伤后遗症和言语心理病学的研究。 他出版了两大卷论述小儿麻痹症的著作。

1886 年春，他作为一个有名的神经病专家在维也纳开业。 同年九月他与 M. 贝尔奈斯举行了因贫困而拖延了四年之久的婚礼。 弗洛伊德的婚姻生活十分美满，但婚后头几年他常因手头拮据而靠借钱或典当过日子。 弗洛伊德有六个孩子，最小的女儿安娜·弗洛伊德后来成为一名出色的精神分析学家。

1895 年以前，研究弗洛伊德的专家们称之为弗洛伊德的准备时期。 在这一时期有两件事对他产生了极大的影响。 1882 年，弗洛伊德生活和事业上的朋友布洛伊尔医生的病人安娜的病例，给了弗洛伊德极大的启发。 安娜在催眠状态下不但可以记起某些症状的特殊经验，而且一谈起这些经验，这些症状似乎就解除了。 布洛伊尔还发现这种疗效之所以产生是因为"转移"作用，即安娜把对她父亲的感情转移到布洛伊尔身上，从而得到安慰。 对这一启发的思考使弗洛伊德在三年后提出了"压抑"概念。

　　另外一件事情是发生在 1885 年，弗洛伊德由于得到了一笔小额的研究补助金，可以到法国跟著名的神经学家夏尔科学习。 在巴黎的四个半月，是弗洛伊德终生事业的转折点。 夏尔科致力于歇斯底里症的研究，他的理论使弗洛伊德把注意力从肉体方面转向心理方面，从脑神经方面转向精神方面。 夏尔科还断言，某些病人的障碍具有性的基础。这一具有启发性的断言，使弗洛伊德在以后的研究中对性的暗示特别注意。

　　1895 年，弗洛伊德与布洛伊尔合作，出版了《歇斯底里症的研究》。 这本书的问世标志着精神分析学的诞生。 书在出版以后的十三年中只售出了 626 册。 这本书是弗洛伊德与布洛伊尔的友谊的结晶，却也是两个人关系破裂的开始。 由于弗洛伊德的理论强调了性的作用，认为性欲是神经症中占支配地位的原因，与布洛伊尔的意见不合，两个人终于分道扬镳了。

弗洛伊德对催眠越来越不满意，因为它不可能根除病因，病人在复诊时常常会出现另外一些症状。于是他开始采用"自由联想法"，即启发病人随意谈话，不管谈话的内容多么荒唐、多么不重要和令人难为情。他认为这样就可以使病人把被压抑的，也是引起病人异常行为的事情，有意识地回忆起来。弗洛伊德从临床观察中发现了这些事情大都是病人童年时代的经验，并且许多与性有关。这一发现奠定了弗洛伊德的理论基础。

"自由联想法"被公认为神经病医疗史上的一大业绩。另一大业绩是弗洛伊德于 1898 年左右开始采用的"自我分析"方法。他每天早晨记录夜里梦见的事实，并对这些事实进行自由联想和分析（他不但自己一生都没间断这种"自我分析"，而且要求他的学生也这样做）。他常常从梦中惊醒就立即去进行解释工作。他坚持如果不能完全了解梦的意义便决心不再睡觉。弗洛伊德开始相信，梦常常包含着某些障碍的根本原因。两年以后（1900 年）他出版了《梦的解析》。一开始这书受到了冷遇，八年里只售出了第一版的600 册。但是它的意义终于被人们发现了，这本书在弗洛伊德生前再版了八次。

以后，弗洛伊德进入了多产期。1904 年他出版了《日常生活的心理分析》，指出无意识在正常人的思想和行为中起了重要作用。 偶然的失言或"遗忘"实际上反映了真正的动机。 1905 年的《多拉分析》主张用梦的解析揭示并治疗精神神经病。《开玩笑及其与无意识的关系》论述了无意识的一些间接表现方式。《关于性欲理论的三篇论文》证明了婴儿性欲的存在以及它作为神经病起因的问题。 这本书是他的第一部未被忽视的著作，它的问世立刻遭到很多人的愤怒谴责和尖刻嘲讽。 他也因此变成了德国科学界最不受欢迎的人。 1910 年他发表了《列奥纳多·达·芬奇和他童年的一个记忆》，论证达·芬奇在选择科学道路与艺术道路时所表现出的矛盾，渊源于他童年的经历。 1913 年出版的《图腾与禁忌》分析了作为宗教两大要素的图腾和禁忌的心理根源。

弗洛伊德在 1920 年出版的《超越快乐的原则》一书中修改了他早期的本能概念，除了生的本能之外又加进了的死本能。 从这本书的发表开始，弗洛伊德的探索进入了一个新的时期。

弗洛伊德晚期最主要的著作是《自我和本我》，发表于1923 年。 此书实现了他多年来的愿望，他分析了人的心理结构，从此，精神分析学不再被单单视为一种治疗疾病的方法，而是作为一种理解人类动机和人格的理论体系而建立了起来。 也是在这一年，弗洛伊德被诊断患有口腔癌。 他不得不戒掉了每天吸二十支雪茄的习惯。此后他动过三十三次手术，最后他的口盖和上颚也被切除了。

弗洛伊德在晚期还发表了《抑制、症状与焦虑》(1928)，论证了焦虑与恐惧的来源。《幻想的未来》(1927)是一本受到宗教界攻击的书，因为他在本书中说，单凭愿望和恐惧等心理就可以证明宗教信仰的存在，而无需证明超自然力量的存在。《文明及其不满》(1930)也引起了一些人的不满，因为书中揭示了人类的弱点，并提出了补救的办法。

1930年，弗洛伊德由于他的文学修养和优美的文体获得了歌德奖金。他相当珍视这次荣誉。另一次使弗洛伊德感到荣耀的事情是早在1909年，他接受美国马萨诸塞州克拉克大学校长斯坦利·霍尔的邀请前往美国讲学。在克拉克大学校庆典礼快结束时，校长授予弗洛伊德博士学位，弗洛伊德在致谢辞中说道："这是对我们的努力第一次正式的合法承认。"弗洛伊德的著作在德国遭受冷遇在很大程度上是由于当时的种族歧视。

1933年5月，柏林正式宣布弗洛伊德的书是"禁书"，并且焚烧了他的所有著作。弗洛伊德得到这一消息后说："我们的进步有多么大！要是在中世纪，他们会把我烧死的，在今天，他们只烧掉我的书就满足了。"很显然，弗洛伊德想到了生活在中世纪的科学家，幽默的语气表现出他强烈的愤怒和坚定的信念。纳粹于1938年3月入侵奥地利，没收了弗洛伊德的房产。开始，弗洛伊德还坚持要留在维也纳，后来他的好友琼斯飞到维也纳竭力劝说，英国内务大臣又为他在伦敦提供了各方面的条件，他才于6月抵达伦敦，而他的四个妹妹都在奥地利被杀害了。法西斯分子于1934年几乎烧光了弗洛伊德的所有著作，以致到了20世纪50年代，了解弗洛伊德的德国人还不及日本人或巴西人多。纳粹分子强迫改组德国的精神分析学会，弗洛伊德的学生荣格当上了主席，他因此遭到了许多正直的科学家的谴责。

弗洛伊德最后五年的大部分时间都用来写作《摩西与一神教》一书。从第一次世界大战到第二次世界大战，弗洛伊德的名声越来越盛，他的名字已经传遍了全世界。

1939年8月，弗洛伊德的病情迅速恶化，以至于难以进食。他看的最后一本书是巴尔扎克的《驴皮记》。9月22日，弗洛伊德的私人医生遵照他的诺言给弗洛伊德注射了吗啡。第二天——23日午夜，弗洛伊德的心脏停止了跳动。

二

弗洛伊德在《自传》中写道："自从《梦的解析》一书发表以后，精神分析学再也不是纯属于医学的东西了。当精神分析学在法国和德国出现的时候，它已被应用到文学、美学，以及宗教史、史前史、神话、民俗学，甚至教育学领域……这些医学之外的应用，主要是以我的著作为出发点。我常常写一点儿这方面的东西，以满足我对医学之外的诸问题的兴趣。其后，别人（不单单是医生，还有其他各学科的专家）才沿着我的路线前进，并且深入到不同的论题上去。"弗洛伊德的著作之所以对医学以外的许多学科发生影响，一方面因为他终生对医学以外的许多学科发生着兴趣，尤其是对文学艺术，作为研究的结果，他继《梦的解析》之后，写下了一系列有关文学艺术和其他社会科学的著作，其中主要有《日常生活的心理分析》（1904）、《开玩笑及其与无意识的关系》（1905）、《关于性欲理论的三篇论文》（1905）、《机智与无意识的关系》（1905）、《强迫行为和宗教实践》（1907）、《文明的性道德与现代人的神经症》（1908）、《作家与白日梦》（1908）、《列奥纳多·达·芬奇和他童年的一个记忆》（1910）、《图腾与禁忌》（1913）、《论幽默》（1927）、《陀思妥耶夫斯基与弑父者》（1928）、《文明及其不满》、《摩西与一神教》（1939）等。这些具有极大启发性的著作为许多学科打开了新的局面。另一方面，也是根本的一个方面，自从《自我和本我》发表以后，精神分析学再不单单被看作一种治疗疾病的方法，它成了一种理解人类动机、人格和精神结构的科学。弗洛伊德是继康德之后又一个大规模对人类精神进行解剖的勇士，而随着人类对自己本身的更进一步认识，科学文化的各个领域必然得到更进一步的发展。

弗洛伊德本人与许多文学家、艺术家和科学家保持着接触，其中包括罗曼·罗兰、托马斯·曼、茨威格、里尔克、威尔斯、萨尔瓦多·达利和爱因斯坦等著名人物。我们不难在近代许多文学艺术作品中找到精神分析学影响的印迹，一位弗洛伊德的传记作者评论道："现在，可以毫不夸大地说，弗洛伊德对文学艺术的影响已经达到了这样的程度，即如果不了解精神分析学的内容，简直无法把握现代文学艺术的发展趋势。"

精神分析学之所以在文学艺术领域里产生了深远的影响，主要是因为它的理论系统地解释了许多千百年来争论不休的文艺现象，其中最重要的一个即是文艺创作的原动力问题。从柏拉图时代就一直在争论的灵感问题在弗洛伊德这里得到了系统的说明。从古到今，许多作家、音乐家、画家和科学家都在不同程度上相信灵感的作用，并且承认许多不朽之作都是灵感的产物。在弗洛伊德之前，对灵感的解释多少都带有一些迷信的色彩，即认为，"神灵依附到诗人或艺术家身上，使他处在迷惘状态，把灵感输送给他，暗中操纵着他去创作"；或者认为，"灵感……是不朽的灵魂从前生带来的回忆"。而弗洛伊德的著作强调性欲冲动、无意识等在文学创作中的作用，他认为创作恰似"白日梦"，当意识和理智放松了对无意识的控制力，灵感自然就会出现。

他在《自传》中写道:"显然,想象的王国实在是一个避难所。这个避难所之所以存在,是因为人们在现实生活中不得不放弃某些本能要求,而痛苦地从'快乐原则,退缩到'现实原则'。这个避难所就是在这样一个痛苦的过程中建立起来的。所以,艺术家就像一个患有神经病的人那样,从一个他所不满意的现实中退缩下来,钻进了他自己的想象力所创造的世界中。但艺术家不同于精神病患者,因为艺术家知道如何去寻找那条回去的道路,而再度把握现实。他的创作,即艺术作品,正像梦一样,是无意识的愿望获得一种假想的满足。而且它在本质上也和梦一样具有妥协性,因为它们也不得不避免跟压抑的力量发生正面冲突。"像梦的原理一样,无意识欲望在想象中得到满足,但是为了避免压抑,想象必须经过艺术加工,即经过艺术家在构思时所进行的转移、凝缩、改装、倒置和拼凑等方法,因此,艺术作品也就具有了浪漫色彩、戏剧性、典型性、象征性等艺术价值。

艺术作品诞生的过程如果是这样的,那么弗洛伊德对一件艺术作品的分析基本上是采取与创作过程相逆转的方法。弗洛伊德在《列奥纳多·达·芬奇和他童年的一个记忆》一文中写道:"如果用上所有的知识的力量能使这些歪曲了的事物恢复过来,那么揭开传奇性材料背后的历史真相是没有问题的。"弗洛伊德认为这些伪装连同伪装下的无意识冲动一起揭示了艺术家的精神特征，而一旦把握了这些精神特征，一切看上去神秘的东西——例如，《蒙娜丽莎》中的神秘的微笑——便都得到了恰当的解释。

《列奥纳多·达·芬奇和他童年的一个记忆》被誉为西方文学艺术领域中精神分析批评派的基石，而且它的影响范围并不限于精神分析批评派，它使许多其他流派的批评家的著作，甚至传记作家的著作都染上了精神分析学的色彩。即使对这一著作持保留态度的人也不否认作者学识的广博，见解的深刻，以及著作形式的协调和文笔的朴素、优美（很遗憾，中译者像英译者一样，很难在译作的文笔上达到这种程度），尤其是著作中处处可见的具有启发性的观点。

弗洛伊德对列奥纳多的分析从两个方面入手。 首先，他分析了列奥纳多童年的一个记忆，确定了列奥纳多的精神特征，之后，从第四章开始，他用列奥纳多的作品来验证他的分析结果，同时也揭示了列奥纳多作品中的"谜一样的微笑"的含义。 促使弗洛伊德选择列奥纳多关于秃鹫的童年记忆作为分析的材料，是因为在他的理论中儿童性欲的发展对一个人的精神生活起着决定性的作用。 他写道："如果传记研究真想让人理解它的主人公的精神生活，一定不要默默地避而不谈它的人物的性行为和性个性，作为过分拘谨和假装正经的结果，这情况存在于大多数传记中。 对列奥纳多的这一方面，人们所知甚少，不过这一方面的事却充满着意

达·芬奇与白日梦：弗洛伊德论美 | 229

义。"在对列奥纳多既是艺术家又是科学家的双重性格的分析中，弗洛伊德下定了分析秃鹫幻想的决心。他写道："我们认为，像这样过分有力的本能（研究本能）在这个人的童年时代也许就已经活跃起来了，儿童时代的印象促成了这个本能的优势。"

　　弗洛伊德通过对列奥纳多进行精神分析后所得出的结论，乍一看是令人惊讶的，不过，了解了精神分析方法——这方法是他在多年的临床实践中得到的——会有助于我们对这些结论的理解。也许善于进行自我分析的人会发现许多我们感觉到却无法清楚说明的东西，在弗洛伊德的笔下得到了解释。弗洛伊德本人在他的许多著作中对他的研究成果都抱有几分怀疑的态度，这大概首先是因为像我们在前面写到的那样，他把自己只摆在征服者的地位上，而征服却又是永无止境的。其次，一个人无法把握促使事物发展变化的一切偶然因素——弗洛伊德相当重视这种偶然因素，正如弗洛伊德自己在《列奥纳多·达·芬奇和他童年的一个记忆》的末尾所写的那样，对列奥纳多的分析只能借助于一些间接的材料，而这些材料由于经过了思想方法各不相同的人的处理，多少失去了一些本来的面目，有的甚至面目全非了。

三

本书收入弗洛伊德的九篇美学论文，选译自英译《标准版弗洛伊德心理学著作全集》（简称《标准版全集》）。《标准版全集》由詹姆斯·斯特拉奇主编，伦敦霍格斯出版社1955 年出版。 它是国际精神分析学研究会评定的标准版本。

《标准版全集》在每篇文章之前都附有"编者按"，对文章的写作由来和它所提出的问题作了简要的介绍，为供读者参考，本书也一并译出（节选的三篇除外）。 注释部分（包括正文夹注），除作者原注外，凡英译者注，均用圆括号标明，少量注释为中译者所加，在注尾标明。 全书文章的排列按其发表或写作的年份先后为序。

我们对弗洛伊德的学说钻研不深，翻译、介绍中错误和不当处在所难免，还请读者和专家不吝指教。

张唤民　陈伟奇

图书在版编目(CIP)数据

达·芬奇与白日梦：弗洛伊德论美/(奥)西格蒙
德·弗洛伊德(Sigmund Freud)著;张唤民,陈伟奇译
. —上海：上海译文出版社,2020.4(2020.12重印)
(译文经典)
ISBN 978 - 7 - 5327 - 8276 - 5

Ⅰ. ①达…　Ⅱ. ①西…②张…③陈…　Ⅲ. ①弗洛伊
德(Freud，Sigmund 1856 - 1939)—美学思想—研究
Ⅳ. ①B84 - 065②B83 - 095. 21

中国版本图书馆 CIP 数据核字(2020)第 043198 号

Sigmund Freud
Leonardo da Vinci and Daydream

达·芬奇与白日梦：弗洛伊德论美
[奥地利]西格蒙德·弗洛伊德　著　张唤民　陈伟奇　译
责任编辑/张吉人　装帧设计/张志全工作室

上海译文出版社有限公司出版、发行
网址：www. yiwen. com. cn
200001 上海福建中路 193 号
杭州宏雅印刷有限公司印刷

开本 787×1092　1/32　印张 7.5　插页 5　字数 118,000
2020 年 4 月第 1 版　2020 年12月第 2 次印刷
印数：5,001—7,000 册

ISBN 978 - 7 - 5327 - 8276 - 5/B · 478
定价：40. 00 元

.